建设工程质量检测人员培训丛书
胡贺松　丛书主编

工程结构鉴定

宋雄彬　主　编
邢宇帆　段镇宇　副主编

中国建筑工业出版社

图书在版编目（CIP）数据

工程结构鉴定 / 宋雄彬主编 ；邢宇帆，段镇宇副主编. -- 北京 ：中国建筑工业出版社，2025. 5. -- (建设工程质量检测人员培训丛书 / 胡贺松主编). -- ISBN 978-7-112-31161-3

Ⅰ. TU3

中国国家版本馆 CIP 数据核字第 2025E6W395 号

责任编辑：杨　允　辛海丽

责任校对：张　颖

建设工程质量检测人员培训丛书

胡贺松　丛书主编

工程结构鉴定

宋雄彬　主　编

邢宇帆　段镇宇　副主编

*

中国建筑工业出版社出版、发行（北京海淀三里河路 9 号）

各地新华书店、建筑书店经销

国排高科（北京）人工智能科技有限公司制版

北京市密东印刷有限公司印刷

*

开本：787 毫米 × 1092 毫米　1/16　印张：7½　字数：181 千字

2025 年 7 月第一版　　2025 年 7 月第一次印刷

定价：**28.00** 元

ISBN 978-7-112-31161-3

（44846）

丛书编委会

主　　编：胡贺松

副主编：刘春林　孙晓立

编　　委：刘炳凯　梅爱华　罗旭辉　杨勇华　宋雄彬
李祥新　邢宇帆　张宪圆　余佳琳　李　昂
张　鹏　李　森

本 书 编 委 会

主　　编：宋雄彬

副 主 编：邢宇帆　段镇宇

编　　委：陈颖彬　罗雄浩　甘　可　李志翔　王丽敏
陈仁进

序

PREFACE

建设工程质量检测监测，乃现代工程建设之命脉，承载着守护工程安全与品质之重任。随着建造技术革新浪潮奔涌、材料与工艺迭代日新月异，检测行业亦面临前所未有的挑战与机遇。检测工作不仅需为工程全生命周期提供精准数据支撑，更需以创新之力推动行业向绿色化、智能化、标准化纵深发展。在此背景下，培养兼具理论素养与实践能力的专业人才，实为行业高质量发展的关键基石。

“建设工程质量检测员培训丛书”应势而生。此丛书由广州市建筑科学研究院集团有限公司倾力编纂，凝聚四十余载技术积淀，博采行业前沿成果，体系严谨、内容丰实。丛书十二分册，涵盖建筑材料、主体结构、节能幕墙、市政道路、桥梁地下工程等核心领域，更兼实验室管理与安全监测等专项内容，既立足基础，又紧扣时代脉搏。尤为可贵者，各分册编写皆以“问题导向”为纲，如《主体结构及装饰装修检测》聚焦施工质量隐患诊断，《工程安全监测》剖析风险预警技术，《建筑节能检测》则直指“双碳”目标下的绿色建筑评价体系。凡此种种，皆彰显丛书对行业痛点的精准回应与前瞻引领。

丛书之价值，尤在其“知行合一”的编撰理念。检测工作绝非纸上谈兵，须以理论为帆，以实践为舵。书中每一章节以现行标准为导向，辅以数据图表与操作流程详解，使晦涩标准化为生动指南。编写团队更汇集数位资深专家，其笔锋既透学术之严谨，又蕴实战之智慧。

“工欲善其事，必先利其器”。此丛书之意义，非止于知识传递，更在于精神传承。书中字里行间，浸润着编者“精益求精、守正创新”的行业匠心。冀望读者持此卷为舟楫，既夯实检测技术之根基，亦淬炼科学思维之锐度，以专业之力筑牢工程品质长城，以敬畏之心守护万家灯火安然。愿此书成为检测同仁案头常备之典，助力中国建造迈向更高、更远、更强之境。

是为序。

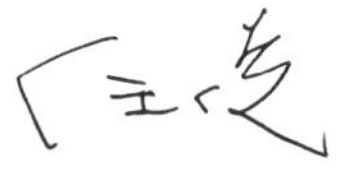

博士、教授级高工

前　言

FOREWORD

建筑物的鉴定技术一直以来伴随着建筑业的发展而进步。近 40 年来，随着我国经济的持续快速增长，建筑业已经从量的扩张转向质的提升，其发展模式正由经济、适用模式的城市扩张转向绿色、低碳模式的城市更新，既有建筑的升级改造与利用，正成为城市发展新的增长点。既有建筑在使用的过程中，无论是因安全质量事故进行加固，还是因改变功能和性能而进行改造之前，均需对原结构进行相应的鉴定。鉴定工作涉及设计、施工、检测等各个相关专业的标准规范及法律法规知识，要求从事鉴定工作的人员必须熟练掌握专业知识，同时具备丰富的实践经验。

本书内容主要涵盖了民用建筑可靠性、抗震性和危险性鉴定及幕墙鉴定。本书共分为 5 章：第 1 章概述，由宋雄彬、王丽敏编写；第 2 章民用建筑可靠性鉴定，由罗雄浩、段镇宇编写；第 3 章建筑抗震鉴定，由陈颖彬编写；第 4 章危险房屋鉴定，由甘可编写；第 5 章幕墙鉴定，由邢宇帆、李志翔编写。陈仁进、简思敏对本书图稿进行了整理绘制。

为了方便从事鉴定工作的人员正确理解各种鉴定规范的适用条件及鉴定内容，加强对从事鉴定工作人员的培训，做好建筑物的鉴定工作，编者根据多年的工作实践经验，依据现行标准规范，并借鉴参阅相关资料文献，撰写了此书，可作为房屋鉴定员的资格考核培训教材，也可供各企事业单位技术人员、质量监督管理人员、大专院校相关专业师生学习参考。

特别感谢丛书主编胡贺松教授级高级工程师的策划、组织和指导，本书的编写工作还得到了有关领导、专家的大力支持和帮助，并提出了宝贵意见，感谢所有为本书编写提供专业建议和技术支持的专家学者。

由于编者水平有限和编写时间仓促，书中难免存在不足之处，恳请广大读者批评指正，欢迎反馈宝贵意见和建议。

目录

CONTENTS

第 1 章

概　述

经过近 40 年的发展，建筑业已经从量的扩张转向质的提升。以往建筑结构以安全适用和耐久为底线，如今绿色、低碳的建筑业的发展模式成为主流，既有建筑升级改造与利用，正成为城市发展新的增长点。

建筑物的鉴定，应紧扣国家战略导向。2020 年，我国明确提出“双碳”目标；2021 年，全国碳市场正式开市；2022 年，在“十四五”新规划的攻坚之年，“双碳”目标对建筑业也提出更高的要求。2021 年 10 月，国务院印发的《2030 年前碳达峰行动方案》中提出“加快推进城乡建设绿色低碳发展，城市更新和乡村振兴都要落实绿色低碳要求”。2021 年 10 月，中共中央、国务院发布的《国家标准化发展纲要》中，将既有建筑安全保障、老旧小区改造与城市更新领域的标准化，作为“加快城乡建设和社会建设标准化进程”的主要组成部分，并于 2022 年实施了《既有建筑鉴定与加固通用规范》GB 55021—2021 和《既有建筑维护与改造通用规范》GB 55022—2021 两部国家标准，且均为强制性工程建设规范，全部条文必须严格执行。

目前，我国建筑结构鉴定相关的标准还有国家标准《民用建筑可靠性鉴定标准》GB 50292—2015、《工业建筑可靠性鉴定标准》GB 50144—2019、《建筑抗震鉴定标准》GB 50023—2009，行业标准《危险房屋鉴定标准》JGJ 125—2016 等。各标准的适用条件和鉴定范围不尽相同，如何正确使用这些标准、规范，对建筑物给出合理正确的鉴定结论，为建筑物的加固改造提供依据也是一个较为复杂的问题。

在建筑物的鉴定过程中，往往由于鉴定单位和鉴定人员良莠不齐，出现鉴定方法和鉴定规范使用不当，甚至直接出具虚假鉴定报告等问题，进而影响人民群众生命财产安全的事故频发。2020 年，福建省泉州市欣佳酒店“3·7”坍塌事故造成 29 人死亡、42 人受伤（图 1.0-1）。经调查，事故的直接原因是责任单位将欣佳酒店建筑物由四层违法增加夹层改建成七层，达到极限承载能力，使建筑物处于坍塌临界状态，加之事发前对底层支承钢柱违规加固焊接作业引发钢柱失稳破坏，最终导致建筑物整体坍塌。事故调查组认定，相关工程质量检测、建筑设计等中介服务机构违规承接业务，出具虚假报告，制作虚假材料帮助事故企业通过行政审批。其中鉴定报告是按照“结构正常使用性进行鉴定”，回避了结构安全问题，未依据相应标准进行安全性鉴定，是一个存在问题的鉴定报告。

2022 年，湖南长沙“4·29”特别重大居民自建房倒塌事故造成 54 人死亡、9 人受伤（图 1.0-2）。经调查，认定事故的直接原因：违法违规建设的原五层（局部六层，下同）房屋建筑质量差、结构不合理、稳定性差、承载能力低，违法违规加层扩建至八层（局部九层，下同）后，荷载大幅增加，致使二层东侧柱和墙超出极限承载力，出现受压破坏并持续发展，最终造成房屋整体倒塌。事发前，在出现明显倒塌征兆的情况下，房主拒不听从劝告，未采取紧急避险疏散措施，是导致人员伤亡多的重要原因。其中湖南湘大工程检测有限公司受涉事房屋内的旅馆经营者委托，对涉事房屋现场检测造假。该公司没有按照国家标准《民用建筑可靠性鉴定标准》GB 50292—2015 等标准的有关规定开展鉴定活动；没有使用任何设备和仪器对标准规定的房屋结构体系、地基基础、材料性能和承重结构等 26 个检测项目进行检测；没有进行结构安全验算，直接沿用原有模板数据，编造检测结果和虚假报告；报告审核、批准等文书签字，均通过使用挂证人员电子签名形式造假。该公司受委托次日即为旅馆出具了完全虚假的安全性鉴定报告，等级评定结论为B_{su}级、“可按现状作为旅馆用途正常使用”“结构安全”。

图 1.0-1　福建泉州欣佳酒店“3·7”坍塌事故

图 1.0-2　湖南长沙“4·29”特别重大居民自建房倒塌事故

建筑物的鉴定工作要求从事该项工作的人员掌握设计、施工、检测、法律等专业领域知识，同时需具备丰富的实践经验。因此，规范行业管理，提高鉴定机构能力水平特别是提升鉴定人员专业技术能力至关重要。鉴定人员正确理解各种鉴定规范的适用条件和鉴定范围，并正确使用各种鉴定规范标准是作出准确的鉴定结论的根本保证。

1.1　结构设计的基本要求

建筑结构在设计工作年限内，必须满足下列基本要求：

（1）应能够承受在正常施工和正常使用期间预期可能出现的各种作用。

（2）应保障结构和结构构件的预定使用要求。

（3）应保障足够的耐久性要求。

1）安全等级与设计工作年限

（1）结构设计时，应根据结构破坏可能产生后果的严重性确定结构安全等级，结构的安全等级的划分见表1.1-1。

结构安全等级的划分 **表1.1-1**

破坏后果	安全等级
很严重	一级
严重	二级
不严重	三级

（2）结构设计时，应根据工程的使用功能、建造成本、使用维护成本以及环境影响等因素规定设计工作年限，房屋建筑的结构设计工作年限的要求见表1.1-2。

房屋建筑的结构设计工作年限 **表1.1-2**

类别	设计工作年限/年
临时性建筑结构	5
普通房屋和构筑物	50
特别重要的建筑结构	100

（3）结构分析时，结构构件及其连接的作用效应通过考虑力学平衡条件、变形协调条件、材料时变特性以及稳定性等因素的结构分析方法确定。结构分析采用的计算模型应能合理反映结构在相关因素作用下的作用效应。结构分析应根据结构类型、材料性能和受力特点等因素，选用线性或非线性分析方法。

2）作用和作用组合

作用是指施加在结构上的荷载和引起结构外加变形或约束变形的原因。根据不同的作用模型和加载方式可分为直接作用和间接作用，固定作用和非固定作用，以及静态作用和动态作用。直接作用如施加在结构上的分布力、集中力；间接作用如支座沉降、收缩、徐变和温度。根据时间变化特性分为永久作用、可变作用和偶然作用。永久作用的代表值采用标准值；可变作用的代表值根据设计要求采用标准值、组合值、频遇值或准永久值；偶然作用的代表值按结构设计使用特点确定。

作用组合是指在不同作用的同时影响下，为验证某一极限状态的结构可靠度而采用的一组作用设计值，按照不同的结构设计要求可分为以下几种组合：

（1）基本组合：

$$S_{\mathrm{d}} = S\left(\sum_{i\geqslant 1}\gamma_{\mathrm{G}i}G_{ik} + \gamma_{\mathrm{P}}P + \gamma_{\mathrm{Q1}}\gamma_{\mathrm{L1}}Q_{1k} + \sum_{j>1}\gamma_{\mathrm{Q}j}\psi_{\mathrm{c}j}\gamma_{\mathrm{L}j}Q_{jk}\right) \tag{1.1-1}$$

式中：$S(\ )$——作用组合的效应函数；

G_{ik}——第i个永久作用的标准值；

P——预应力作用的有关代表值；

Q_{1k}——第 1 个可变作用的标准值；

Q_{jk}——第j个可变作用的标准值；

γ_{Gi}——第i个永久作用的分项系数；

γ_{P}——预应力作用的分项系数；

γ_{Q1}——第 1 个可变作用的分项系数；

γ_{Qj}——第j个可变作用的分项系数；

γ_{L1}、γ_{Lj}——第 1 个和第j个考虑结构设计使用年限的荷载调整系数；

ψ_{cj}——第j个可变作用的组合之系数。

（2）偶然组合：

$$S_{\mathrm{d}} = S\left(\sum_{i\geqslant 1} G_{ik} + P + A_{\mathrm{d}} + (\psi_{\mathrm{f1}}\text{或}\psi_{\mathrm{q1}})Q_{1k} + \sum_{j>1}\psi_{\mathrm{q}j}Q_{jk}\right) \tag{1.1-2}$$

式中：A_{d}——偶然作用的设计值；

ψ_{f1}——第 1 个可变作用的频遇值系数；

ψ_{q1}、$\psi_{\mathrm{q}j}$——第 1 个和第j个可变作用的准永久值系数。

（3）地震组合：应符合结构抗震设计的规定。

（4）标准组合：

$$S_{\mathrm{d}} = S\left(\sum_{i\geqslant 1} G_{ik} + P + Q_{1k} + \sum_{j>1}\psi_{\mathrm{c}j}Q_{jk}\right) \tag{1.1-3}$$

（5）频遇组合：

$$S_{\mathrm{d}} = S\left(\sum_{i\geqslant 1} G_{ik} + P + \psi_{\mathrm{f1}}Q_{1k} + \sum_{j>1}\psi_{\mathrm{q}j}Q_{jk}\right) \tag{1.1-4}$$

（6）准永久组合：

$$S_{\mathrm{d}} = S\left(\sum_{i=1} G_{ik} + P + \sum_{j=1}\psi_{\mathrm{q}j}Q_{jk}\right) \tag{1.1-5}$$

1.2 概率极限状态的分项系数设计方法

1.2.1 极限状态的定义与分类

极限状态是指整个结构或结构的一部分，超过某一特定状态就不能满足规定的某一功能（安全性、适用性或耐久性）要求时，此特定状态称为该功能的极限状态。

我国规范将结构的极限状态分为三类。

1）承载能力极限状态

结构或构件达到最大承载能力或不适于继续承载的变形状态，为承载能力极限状态。当结构或构件出现下列状态之一时，判定其超过了承载能力极限状态：

（1）结构构件或连接因超过材料强度而破坏，或因过度变形而不适于继续承载。

（2）整个结构或其一部分作为刚体失去平衡。

（3）结构转变为机动体系。

（4）结构或构件丧失稳定。

（5）结构因局部破坏而发生连续倒塌。

（6）地基丧失承载力而破坏。

（7）结构或结构构件疲劳破坏。

2）正常使用极限状态

结构或构件达到正常使用的某项规定限值的状态，为正常使用极限状态。当结构或构件出现下列状态之一时，即认为超过了正常使用极限状态，而丧失了正常使用功能：

（1）影响正常使用或外观的变形。

（2）影响正常使用的局部破坏。

（3）影响正常使用的振动。

（4）影响正常使用的其他特定状态。

3）耐久性极限状态

结构或构件在环境影响下出现的劣化达到耐久性能的某项规定限值或标志的状态，为耐久性极限状态。当结构或构件出现下列状态之一时，即认为超过了耐久性极限状态，而丧失了耐久功能：

（1）影响承载能力和正常使用的材料性能劣化。

（2）影响耐久性能的裂缝、变形、缺口、外观、材料削弱等。

（3）影响耐久性能的其他特定状态。

结构设计应对起控制作用的极限状态进行计算或验算；当不能确定起控制作用的极限状态时，结构设计应对不同极限状态分别计算或验算。

1.2.2 设计状况

结构设计应区分下列设计状况：

（1）持久设计状况，适用于结构正常使用时的情况。

（2）短暂设计状况，适用于结构施工和维修等临时情况。

（3）偶然设计状况，适用于结构出现的异常情况，包括结构遭受火灾、爆炸、撞击时的情况。

（4）地震设计状况，适用于结构遭受地震时的情况。

结构设计时选定的设计状况，应涵盖正常施工和使用过程中的各种不利情况。各种设计状况均应进行承载能力极限状态设计，持久设计状况尚应进行正常使用极限状态设计。对每种设计状况，均应考虑各种不同的作用组合，以确定作用控制工况和最不利的效应设计值。

进行承载能力极限状态设计时采用的作用组合，应符合下列规定：

（1）持久设计状况和短暂设计状况应采用作用的基本组合。

（2）偶然设计状况应采用作用的偶然组合。

（3）地震设计状况应采用作用的地震组合。

（4）作用组合应为可能同时出现的作用的组合。

（5）每个作用组合中应包括一个主导可变作用或一个偶然作用或一个地震作用。

（6）当静力平衡等极限状态设计对永久作用的位置和大小很敏感时，该永久作用的有利部分和不利部分应作为单独作用分别考虑。

（7）当一种作用产生的几种效应非完全相关时，应降低有利效应的分项系数取值。

进行正常使用极限状态设计时采用的作用组合，应符合下列规定：

（1）标准组合，用于不可逆正常使用极限状态设计。

（2）频遇组合，用于可逆正常使用极限状态设计。

（3）准永久组合，用于长期效应是决定性因素的正常使用极限状态设计。

设计基本变量的设计值应符合下列规定：作用的设计值应为作用代表值与作用分项系数的乘积。材料性能的设计值应为材料性能标准值与材料性能分项系数之商。

当几何参数的变异性对结构性能无明显影响时，几何参数的设计值应取其标准值；当有明显影响时，几何参数设计值应按不利原则取其标准值与几何参数附加量之和或差。

结构或结构构件的抗力设计值应为考虑了材料性能设计值和几何参数设计值之后，分析计算得到的抗力值。

1.2.3 极限状态的验算方法

（1）结构或结构构件按承载能力极限状态设计时，其一般公式为：

$$\gamma_0 S_d \leqslant R_d$$

式中：γ_0——结构重要性系数；

S_d——作用组合的效应设计值；

R_d——结构或结构构件的抗力设计值。

说明对于结构或结构构件的破坏或过度变形的承载能力极限状态设计，作用组合的效应设计值与结构重要性系数的乘积不应超过结构或结构构件的抗力设计值；对于整个结构或其一部分作为刚体失去静力平衡的承载能力极限状态设计，不平衡作用效应的设计值与结构重要性系数的乘积不应超过平衡作用的效应设计值；对于结构或结构构件的疲劳破坏的承载能力极限状态设计，应根据构件受力特性及疲劳设计方法采用不同的疲劳荷载模型和验算表达式。

（2）结构或结构构件按正常使用极限状态设计时，作用组合的效应设计值不应超过设计要求的效应限值。其一般公式为：

$$S_d \leqslant C$$

式中：C——设计对变形、裂缝等规定的相应限值，按有关的结构设计标准的规定采用。

（3）结构重要性系数γ_0，见表 1.2-1。

结构重要性系数γ_0 表 1.2-1

重要性系数	对持久设计状况和短暂设计状况			对偶然设计状况和地震设计状况
	安全等级			
	一级	二级	三级	
γ_0	1.1	1.0	0.9	1.0

（4）房屋建筑结构的作用分项系数应按下列规定取值：①永久作用：当对结构不利时，不应小于 1.3；当对结构有利时，不应大于 1.0；②预应力：当对结构不利时，不应小于 1.3；

当对结构有利时，不应大于1.0；③标准值大于$4kN/m^2$的工业房屋楼面活荷载，当对结构不利时不应小于1.4；当对结构有利时，应取为0；④除第③款之外的可变作用，当对结构不利时不应小于1.5；当对结构有利时，应取为0。

（5）房屋建筑的可变荷载考虑设计工作年限的调整系数γ_L。应按下列规定采用：

对于荷载标准值随时间变化的楼面和屋面活荷载，考虑设计工作年限的调整系数γ_L应按表1.2-2 采用。当设计工作年限不为表中数值时，调整系数γ_L不应小于按线性内插确定的值。

设计工作年限调整系数γ_L 表1.2-2

结构设计工作年限/年	5	50	100
γ_L	0.9	1.0	1.1

（6）对雪荷载和风荷载，调整系数应按重现期与设计工作年限相同的原则确定。

1.2.4 结构作用

1）永久作用

（1）结构自重的标准值应按结构构件的设计尺寸与材料密度计算确定。对于自重变异较大的材料和构件，对结构不利时自重标准值取上限值，对结构有利时取下限值。

（2）位置固定的永久设备自重应采用设备铭牌重量值；当无铭牌重量时，应按实际重量计算。

（3）隔墙自重作为永久作用时，应符合位置固定的要求；位置可灵活布置的轻质隔墙自重应按可变荷载考虑。

（4）土压力应按设计埋深与土的单位体积自重计算确定。土的单位体积自重应根据计算水位分别取不同密度进行计算。

（5）预加应力应考虑时间效应影响，采用有效预应力。

2）楼面与屋面活荷载

（1）采用等效均布活荷载方法进行设计时，应保证其产生的荷载效应与最不利堆放情况等效；建筑楼面和屋面堆放物较多或较重的区域，应按实际情况考虑其荷载。

（2）一般使用条件下的民用建筑楼面均布活荷载标准值及其组合值系数、频遇值系数和准永久值系数的取值不应小于表1.2-3的规定。当使用荷载较大、情况特殊或有专门要求时，应按实际情况采用。

（3）汽车通道及客车停车库的楼面均布活荷载标准值及其组合值系数、频遇值系数和准永久值系数的取值，不应小于表1.2-4的规定。当应用条件不符合表1.2-4要求时，应按效应等效原则，将车轮的局部荷载换算为等效均布荷载。

民用建筑楼面均布活荷载 表1.2-3

项次	类别	标准值/（kN/m^2）	组合值系数Ψ_c	频遇值系数Ψ_f	准永久值系数Ψ_q
1	（1）住宅、宿舍、旅馆、医院病房、托儿所、幼儿园	2.0	0.7	0.5	0.4
	（2）办公楼、教室、医院门诊室	2.5	0.7	0.6	0.5

续表

项次	类别		标准值/（kN/m²）	组合值系数Ψ_c	频遇值系数Ψ_f	准永久值系数Ψ_q
2	食堂、餐厅、实验室、阅览室、会议室、一般资料档案室		3.0	0.7	0.6	0.5
3	礼堂、剧场、影院、有固定座位的看台、公共洗衣房		3.5	0.7	0.5	0.3
4	（1）商店、展览厅、车站、港口、机场大厅及其旅客等候室		4.0	0.7	0.6	0.5
	（2）无固定座位的看台		4.0	0.7	0.5	0.3
5	（1）健身房、演出舞台		4.5	0.7	0.6	0.5
	（2）运动场、舞厅		4.5	0.7	0.6	0.3
6	（1）书库、档案库、贮藏室		6.0	0.9	0.9	0.8
	（2）密集柜书库		12.0	0.9	0.9	0.8
7	通风机房、电梯机房		8.0	0.9	0.9	0.8
8	厨房	（1）餐厅	4.0	0.7	0.7	0.7
		（2）其他	2.0	0.7	0.6	0.5
9	浴室、卫生间、盥洗室		2.5	0.7	0.6	0.5
10	走廊、门厅	（1）宿舍、旅馆、医院病房、托儿所、幼儿园、住宅	2.0	0.7	0.5	0.4
		（2）办公楼、餐厅、医院门诊部	3.0	0.7	0.6	0.5
		（3）教学楼及其他可能出现人员密集的情况	3.5	0.7	0.5	0.3
11	楼梯	（1）多层住宅	2.0	0.7	0.5	0.4
		（2）其他	3.5	0.7	0.5	0.3
12	阳台	（1）可能出现人员密集的情况	3.5	0.7	0.6	0.5
		（2）其他	2.5	0.7	0.6	0.5

汽车通道及客车停车库的楼面均布活荷载　　　表 1.2-4

类别		标准值/（kN/m²）	组合值系数Ψ_c	频遇值系数Ψ_f	准永久值系数Ψ_q
单向板楼盖（2m ≤ 板跨L）	定员不超过 9 人的小型客车	4.0	0.7	0.7	0.6
	满载总重不大于 300kN 的消防车	35.0	0.7	0.5	0.0
双向板楼盖（3m ≤ 板跨短边L < 6m）	定员不超过 9 人的小型客车	4.0	0.7	0.7	0.6
	满载总重不大于 300kN 的消防车	35.0	0.7	0.5	0.0
双向板楼盖（6m ≤ 板跨短边L）和无梁楼盖（柱网不小于 6m × 6m）	定员不超过 9 人的小型客车	2.5	0.7	0.7	0.6
	满载总重不大于 300kN 的消防车	20.0	0.7	0.5	0.0

（4）当采用楼面等效均布活荷载方法设计楼面梁时，表 1.2-5 中的楼面活荷载标准值的折减系数取值不应小于下列规定值：

①表 1.2-3 中第 1 项当楼面梁从属面积不超过 25m²（含）时，不应折减；超过 25m²

时，不应小于 0.9。

②表 1.2-3 中第 2～7 项当楼面梁从属面积不超过 $50m^2$（含）时，不应折减；超过 $50m^2$ 时，不应小于 0.9。

③表 1.2-3 中第 8～12 项应采用与所属房屋类别相同的折减系数。

④表 1.2-3 对单向板楼盖的次梁和槽形板的纵肋不应小于 0.8，对单向板楼盖的主梁不应小于 0.6，对双向板楼盖的梁不应小于 0.8。

（5）当采用楼面等效均布活荷载方法设计墙、柱和基础时，折减系数取值应符合下列规定：

①表 1.2-3 中第 1 项单层建筑楼面梁的从属面积超过 $25m^2$ 时不应小于 0.9，其他情况应按表 1.2-5 规定采用。

②表 1.2-3 中第 2～7 项应采用与其楼面梁相同的折减系数。

③表 1.2-3 中第 8～12 项应采用与所属房屋类别相同的折减系数。

④应根据实际情况决定是否考虑表 1.2-4 中的消防车荷载；对表 1.2-4 中的客车，对单向板楼盖不应小于 0.5，对双向板楼盖和无梁楼盖不应小于 0.8。

活荷载按楼层折减系数　　　　表 1.2-5

墙、柱、基础计算截面以上的层数	2～3	4～5	6～8	9～20	> 20
计算截面以上各楼层活荷载总和的折减系数	0.85	0.70	0.65	0.60	0.55

（6）房屋建筑的屋面，其水平投影面上的屋面均布活荷载的标准值及其组合值系数、频遇值系数和准永久值系数的取值，不应小于表 1.2-6 的规定。

屋面均布活荷载的标准值及其组合值系数、频遇值系数和准永久值系数　　表 1.2-6

项次	类别	标准值/（kN/m^2）	组合值系数Ψ_c	频遇值系数Ψ_f	准永久值系数Ψ_q
1	不上人的屋面	0.5	0.7	0.5	0.0
2	上人的屋面	2.0	0.7	0.5	0.1
3	屋顶花园	3.0	0.7	0.6	0.5
4	屋顶运动场地	4.5	0.7	0.6	0.4

注：1. 不上人的屋面，当施工或维修荷载较大时，应按实际情况采用。
2. 当上人的屋面兼作其他用途时，应按相应楼面活荷载采用。
3. 对于因屋面排水不畅、堵塞等引起的积水荷载，应采取构造措施加以防止；必要时，可按以下规定确定屋面活荷载：①屋面积水荷载，可根据屋面边界条件可能形成的静态水深、排水形成的动态水深和屋面变形造成的最大形变水深综合确定；②外形复杂的屋面，可针对极限降雨情况下屋面排水情况开展专项研究确定积水荷载；③当积水荷载小于屋面均布活荷载时，可不考虑。
4. 屋顶花园活荷载不应包括花圃土石等材料自重。

（7）楼梯、看台、阳台和上人屋面等的栏杆活荷载标准值，不应小于下列规定值：

①住宅、宿舍、办公楼、旅馆、医院、托儿所、幼儿园，栏杆顶部的水平荷载应取 1.0kN/m。

②高等学校、食堂、剧场、电影院、车站、礼堂、展览馆或体育场，栏杆顶部的水平荷载应取 1.0kN/m，竖向荷载应取 1.2kN/m，水平荷载与竖向荷载应分别考虑。

③中小学校的上人屋面、外廊、楼梯、平台、阳台等临空部位必须设置防护栏杆。栏杆顶部的水平荷载应取 1.5kN/m，竖向荷载应取 1.2kN/m，水平荷载与竖向荷载应分别考虑。

（8）其他荷载作用的取值按有关的结构设计标准的规定采用。

1.3 鉴定的基本定义

可靠性鉴定是指对建筑承载能力和整体稳定性等的安全性以及适用性和耐久性等的使用性所进行的调查、检测、分析、验算、评定等一系列活动。可靠性鉴定可分为安全性鉴定和使用性鉴定。

安全性鉴定是对建筑的承载能力和结构整体稳定性所进行的调查、检测、验算、分析、评定等一系列活动。

使用性鉴定是对建筑使用功能的适用性和耐久性所进行的调查、检测、验算、分析、评定等一系列活动。

抗震鉴定是通过检查现有建筑的设计、施工质量和现状，按规定的抗震设防要求，对其在地震作用下的安全性进行评估。

危险性鉴定的定义是通过对既有建筑物结构构件的损坏情况进行鉴定，准确判断建筑物的危险程度而实施的一组工作活动。

1.3.1 鉴定的方法

既有建筑的可靠性鉴定方法有传统经验法、实用鉴定法和概率法；目前采用的仍然是传统经验法和实用鉴定法，概率法尚未达到应用阶段。

1）传统经验法

传统经验法是依赖有经验的技术人员通过调查、现场目测检查，并按照原设计程序进行校核，借助个人拥有的知识、经验和验算进行评估。这种方法过多地依赖个人经验，缺乏一套科学的评估程序和现代测试技术，因此鉴定结果具有很大的随机性和主观性。但是，由于这一方法简单、节约时间和鉴定费用，至今仍广泛采用。

2）实用鉴定法

实用鉴定法是在传统经验法的基础上发展形成的。这种方法通过专业人员全面分析已有建筑损伤的原因，列出明确的调查项目，一般经过数次调查，并结合结构计算或试验结果，经逐项评估后，综合得出较为完全准确的鉴定结论。该法强调利用现代检测技术获取各种结构信息。实用鉴定法一般需进行以下几项工作：

（1）调查建筑概况，包括建设规模、图纸资料、环境、结构形式及鉴定目的等。

（2）调查建筑物的地基基础（包括基础和桩、地基变形及地下水）、建筑材料（如混凝土、钢材、砖以及外围结构材料）和建筑结构（结构尺寸、变形、裂缝、损伤、抗震能力、振动特征及承载能力等）。

（3）结构计算和分析以及在实验室进行构件试验或模型试验。

3）概率法

概率法是依据结构可靠性理论，用结构失效概率来衡量结构的可靠程度。但是由于建筑结构诸多的复杂因素，目前，该方法仅仅是在理论和概念上对可靠性鉴定方法的完善，实用上仍存在很大的困难。

1.3.2 鉴定的特点

结构可靠性鉴定与结构设计的区别在于，结构设计是在结构可靠性与经济性之间选择一种合理的平衡，使所建造的结构能满足各项预定功能的要求。结构鉴定则是对已建成或服役多年的结构进行结构上的作用、结构抗力及其相互关系的检查、测定、分析判断并取得结论的过程。

结构可靠性是指结构在规定的时间和规定的条件下，完成预定功能的能力。它包括安全性、适用性和耐久性，当用概率度量时，称为可靠度。这一概念对使用若干年后的服役结构，在许多方面已发生了变化，对一些基本问题的定义和依据也有所不同。结构可靠性鉴定与结构设计的不同点如下。

1）设计基准期和目标使用期

结构设计中的设计基准期为编制规范采用的基准期，国家标准《建筑结构可靠性设计统一标准》GB 50068—2018 规定为 50 年。结构可靠性鉴定的基准期应当是考虑的下一个目标使用期。目标使用期的确定，是根据国民经济和社会发展状况、工艺更新、服役结构的技术状况（包括已使用年限、破损状况、危险程度、维修状况）等综合确定。

2）设计荷载和验算荷载

进行结构设计时采用的荷载值为设计荷载，它是根据国家标准《建筑结构荷载规范》GB 50009—2012 及生产工艺要求而确定的。对使用若干年后的服役结构进行承载力验算时采用的荷载值称作验算荷载。验算荷载的取值是根据服役结构在使用期间的实际荷载，并考虑荷载规范规定的基本原则经过分析研究核准确定的。对一些无规范可遵循的荷载，如温度应力作用、超静定结构的地基不均匀下沉所造成的附加应力作用等，均应根据国家标准《建筑结构可靠性设计统一标准》GB 50068—2018 的基本原则和现场测试数据的分析结果来确定。

3）抗力计算依据

结构设计的抗力是根据结构设计规范规定的材料强度和计算模式来进行计算的。而在鉴定工作中验算结构抗力时，结构的材性和几何尺寸是通过查阅设计图纸、施工文件和现场检测结果等综合考虑确定。对结构抗力的验算模式可根据需要对规范提供的计算模式加以修正。对情况比较复杂的结构或难以计算的结构问题，还应采用结构试验的结果。总之，抗力验算的准则是要反映结构真实性。

4）可靠性控制级别

在结构设计中可靠性控制是以满足现行设计规范为准绳，其设计结果只有两种结论，即满足或不满足。在鉴定工作中可靠性是以某个等级指标给出的。例如a、b、c、d级，这是因为在验算和评估工作中必须考虑结构设计规范的变迁，服役结构的使用效果及对目标使用期的要求等问题，因而其鉴定结论不能按满足或不满足来评定，而应更细化，所以，目前颁布的工业建筑可靠性鉴定标准和民用建筑可靠性鉴定标准均按四个级别（如a、b、c、d；A、B、C、D；一、二、三、四）来反映服役结构的可靠度水平。

1.4　鉴定的分类

目前既有建筑鉴定中比较常见的主要有依据国家标准《民用建筑可靠性鉴定标准》GB 50292—2015 进行的可靠性鉴定，包括安全性和使用性鉴定；依据国家标准《建筑抗震鉴定标准》GB 50023—2009 进行的抗震鉴定；依据行业标准《危险房屋鉴定标准》JGJ 125—

2016 进行的房屋危险性鉴定以及幕墙专项鉴定，本书将在后续章节中对每个专项鉴定进行详细阐述。

1.4.1 民用建筑可靠性鉴定

国家标准《民用建筑可靠性鉴定标准》GB 50292—2015 在日常鉴定工作中应用最多，鉴定标准仅适用于已建成可以验收和已投入使用的民用建筑。对日常工作中由于建设手续不齐全或施工资料缺失的在建工程，由于不具备建成验收条件，不能按该标准进行安全性鉴定。此类项目的鉴定，可按现行相关施工质量验收规范、现行设计规范、抗震规范等进行验收，给出合格与否的验收意见而不能按鉴定标准评级。实体检测结果为质量验收不合格的工程，才能进行安全性鉴定。

鉴定方法上，采用三层次的鉴定方法。无论地基基础的评级结果如何，均需对建筑物按三层次进行全系统、全过程的普查鉴定。

构件的安全性鉴定是按承载能力、构造、不适用于继续承载的位移和变形、裂缝或其他损伤四个检查项目最低一级项目评级，承载能力是按验算结果评级，而其余项目是按承载状况调查实测结果评级。

在下列情况下，应进行可靠性鉴定：

（1）建筑物大修前。

（2）建筑物改造或增容、改建或扩建前。

（3）建筑物改变用途或使用环境。

（4）建筑物达到设计使用年限拟继续使用时。

（5）遭受灾害或事故时。

（6）存在较严重的质量缺陷或出现较严重的腐蚀、损伤、变形时。

在下列情况下，可仅进行安全性检查或鉴定：

（1）各种应急鉴定。

（2）国家法规规定的房屋安全性统一检查。

（3）临时性房屋需延长使用期限。

（4）使用性鉴定中发现安全问题。

在下列情况下，可仅进行使用性检查或者鉴定：

（1）建筑物使用维护的常规检查。

（2）建筑物有较高的舒适度要求。

在下列情况下，应进行专项鉴定：

（1）结构的维修改造有专门要求时。

（2）结构存在耐久性损伤影响其耐久年限时。

（3）结构存在明显的振动影响时。

（4）结构需要进行长期监测时。

1.4.2 抗震鉴定

国家标准《建筑抗震鉴定标准》GB 50023—2009 适用于设防烈度 6～9 度地区的现有建筑抗震鉴定，不适用于古建筑、新建建筑、危险建筑。

现有建筑的抗震鉴定，应根据后续使用年限采用相应的鉴定方法。后续使用年限的选择，不应低于剩余设计使用年限。现有建筑应根据实际需要和可能，按下列规定选择其后续使用年限：

（1）在20世纪70年代及以前建造经耐久性鉴定可继续使用的现有建筑，其后续使用年限不应少于30年；在20世纪80年代建造的现有建筑，宜采用40年或更长，且不得少于30年。

（2）在20世纪90年代（按当时施行的抗震设计规范系列设计）建造的现有建筑，后续使用年限不宜少于40年，条件许可时应采用50年。

（3）在2001年以后（按当时施行的抗震设计规范系列设计）建造的现有建筑，后续使用年限宜采用50年。

后续使用年限为30年、40年、50年的建筑，分别简称为A类、B类、C类建筑。

抗震鉴定分为两级。第一级鉴定应以宏观控制和构造鉴定为主进行综合评价，包括结构布置、材料强度、结构整体性、局部构造措施方面的鉴定；第二级鉴定应以抗震验算为主结合构造影响进行综合评价。

A类建筑（后续使用年限30年）的抗震鉴定，采用筛选法的两级鉴定，而且第二级鉴定采用综合抗震能力指数的简化方法，而不必计算构件抗震承载力。体系影响系数取各项乘积，局部影响系数取各项系数最小值，局部影响系数仅用于局部楼层和构件。当符合第一级鉴定的各项要求时，建筑可评为满足抗震鉴定要求，不再进行第二级鉴定；当不符合第一级鉴定要求时，除《建筑抗震鉴定标准》GB 50023—2009各章有明确规定的情况外，应由第二级鉴定作出判断。

B类建筑（后续使用年限40年）的抗震鉴定，应检查其抗震措施和现有抗震承载力再作出判断。当抗震措施不满足鉴定要求而现有抗震承载力较高时，可通过构造影响系数进行综合抗震能力的评定；当抗震措施鉴定满足要求时，主要抗侧力构件的抗震承载力不低于规定的95%、次要抗侧力构件的抗震承载力不低于规定的90%，也可不要求进行加固处理。

C类建筑（后续使用年限50年）的抗震鉴定，应按照现行国家标准《建筑抗震设计标准》GB/T 50011的各项要求进行抗震鉴定，包括抗震措施鉴定和抗震承载力鉴定。

抗震鉴定的主要内容及要求：搜集建筑的勘察报告、施工和竣工验收等资料，当资料不齐时，应根据鉴定的需要进行补充实测；调查建筑现状与原始资料相符合的程度、施工质量和使用状况及缺陷、损伤等；根据各类建筑结构的特点、结构布置、构造和抗震承载力等因素，采取相应的鉴定方法进行综合抗震能力分析；对现有建筑整体抗震性能作出评价，并给出相应的对策和处理意见。

现有建筑的抗震鉴定，应根据如下情况区别对待：建筑结构类型不同的建筑，其检查的重点、项目内容和要求不同，应采用不同的鉴定方法；对重点部位与一般部位，应按不同的要求进行检查和鉴定。重点部位指影响该类建筑结构整体抗震性能的关键部位和易导致局部倒塌伤人的构件、部件；对抗震性能有整体影响的构件和仅有局部影响的构件，在综合抗震能力分析时应分别对待。

1.4.3 危险房屋鉴定

行业标准《危险房屋鉴定标准》JGJ 125—2016适用于高度100m以下各类既有房屋的

危险性鉴定，采用“两阶段、三层次”的鉴定方法，鉴定时应对房屋现状进行现场检测，必要时应采用仪器测试、结构分析和验算。结构分析及验算中明确提出可不计入地震作用，对构件承载能力按不同建造时期乘以相应调整系数进行危险性评定。

危险房屋鉴定一般对房屋局部构件和整体出现明显威胁安全的各种状况进行评价，主要包括：①房屋出现的明显倾斜；②受力构件出现超出规定的开裂；③地基基础承载力不足引起的失稳；④房屋构件出现的不同程度的耐久性破坏等。

房屋危险性鉴定应根据地基危险状态和基础及上部结构的危险性等级，按两个阶段进行综合评定。

第一阶段为地基危险性鉴定，评定房屋地基的危险性状态；第二阶段为基础及上部结构危险性鉴定，综合评定房屋的危险性等级。基础及上部结构危险性鉴定应按下列三层次进行：第一层次为构件危险性鉴定，其等级评定为危险构件和非危险构件两类；第二层次为楼层危险性鉴定；第三层次为房屋危险性鉴定。

1.4.4 幕墙鉴定

幕墙主要指由面板与支承结构体系（支承装置与支承结构）组成的、可相对主体结构有一定位移能力或自身有一定变形能力、不承担主体结构所受作用的建筑外围护墙。幕墙可靠性鉴定主要是对建筑幕墙的安全性能、正常使用性（包括使用性和耐久性）所进行的调查、检测、分析、验算和评定等审查与综合判断。

幕墙鉴定主要针对以下情况下的可靠性鉴定：①使用中的定期可靠性鉴定；②原设计或制作、安装存在较严重的缺陷，需鉴定其实际承载和工作性能；③各类事故及灾害导致幕墙结构损伤，需对其可靠性进行重新评定；④达到或超过设计使用年限而继续使用的鉴定；⑤其他需对建筑幕墙进行可靠性鉴定的情况。

建筑幕墙可靠性鉴定包括：安全性鉴定和正常使用鉴定，对建设主管部门相关规定要求的鉴定，大修或改造前的鉴定，使用过程中或灾害、事故后发现可能影响安全问题时的应急鉴定等情况下可仅进行安全性鉴定。

建筑幕墙安全性和正常使用性的鉴定评级，应按基本单位、子单元和鉴定单元三个层次，每一层次分为四个安全性等级和三个使用性等级：

（1）根据构件、构造各检查项目评定结果，确定基本单位等级。

（2）根据各种构件、构造部位及各种使用功能的评定结果，确定子单元等级。

（3）根据各子单元的评定结果，确定鉴定单元等级。

各层次可靠性鉴定评级，应以该层次安全性和正常使用性的评定结果为依据综合确定。每一层次的安全性鉴定等级分为四级，正常使用性鉴定等级分为三级，可靠性鉴定等级分为四级。

第 2 章

民用建筑可靠性鉴定

2.1 鉴定程序及内容

2.1.1 一般规定

民用建筑可靠性鉴定由安全性鉴定和使用性鉴定构成。并不是每个鉴定项目都需要完成可靠性鉴定，可根据鉴定的目标和要求选择。根据国家标准《民用建筑可靠性鉴定标准》GB 50292—2015，下列情况应进行可靠性鉴定：

（1）建筑物大修前。

（2）建筑物改造或增容、改建或扩建前。

（3）建筑物改变用途或使用环境前。

（4）建筑物达到设计使用年限拟继续使用时。

（5）遭受灾害或事故时。

（6）存在较严重的质量缺陷或出现较严重的腐蚀、损伤、变形时。

当出现以下情况时，可仅进行安全性鉴定：

（1）各种应急鉴定。

（2）国家法规规定的房屋安全性统一检查。

（3）临时性房屋需延长使用期限。

（4）使用性鉴定中发现安全问题。

当出现以下情况时，可仅进行使用性鉴定：

（1）建筑物使用维护的常规检查。

（2）建筑物有较高舒适度要求。

2.1.2 鉴定程序及内容

民用建筑可靠性鉴定应按图 2.1-1 规定的鉴定程序进行。

民用建筑可靠性鉴定的目的、范围和内容应根据委托方提出的鉴定原因和要求，经初步调查后确定。初步调查一般包括下列基本工作内容：

（1）查阅图纸资料：包括岩土工程勘察报告、设计计算书、设计变更记录、施工图、施工及施工变更记录、竣工图、竣工质检及包括隐蔽工程验收记录的验收文件、定点观测记录、事故处理报告、维修记录、历次加固改造图纸等。

（2）查询建筑物历史：包括原始施工、历次修缮、加固、改造、用途变更、使用条件改变以及受灾等情况。

（3）考察现场：按资料核对实物现状，查看建筑物实际使用条件和内外环境、查看已发现的问题、听取有关人员的意见等。

（4）填写初步调查表。

（5）制定详细调查计划及检测、试验工作大纲并提出需由委托方完成的准备工作。

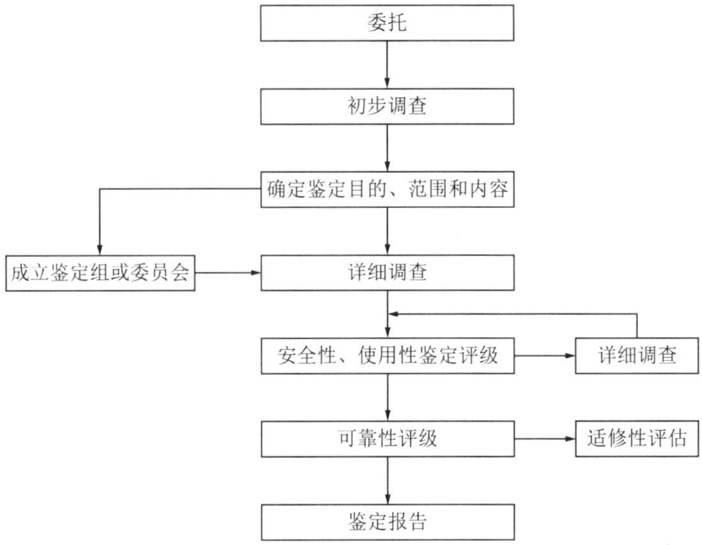

图 2.1-1　鉴定程序图

详细调查根据实际需要选择下列工作内容：

（1）结构体系基本情况勘察：包括结构布置及结构形式；圈梁、构造柱、拉结件、支撑或其他抗侧力系统的布置；结构支承或支座构造；构件及其连接构造；结构细部尺寸及其他有关的几何参数。

（2）结构使用条件调查核实：包括结构上的作用（荷载）；建筑物内外环境；使用史，包括荷载史、灾害史。

（3）地基基础调查与检测：包括场地类别与地基土（包括土层分布及下卧层情况）；地基稳定性；地基变形及其在上部结构中的反应；地基承载力的近位测试及室内力学性能试验；基础和桩的工作状态评估，当条件许可时，也可针对开裂、腐蚀或其他损坏等情况进行开挖检查；其他因素（如地下水抽降、地基浸水、水质恶化、土壤腐蚀等的影响或作用）。

（4）材料性能检测分析：包括结构构件材料；连接材料；其他材料。

（5）承重结构检查：包括构件和连接件的几何参数；构件及其连接的工作情况；结构支承或支座的工作情况；建筑物的裂缝及其他损伤的情况；结构的整体牢固性；建筑物侧向位移（上部结构倾斜、基础转动和局部变形）；结构的动力特性。

（6）围护系统的安全状况和使用功能调查。

（7）易受结构位移、变形影响的管道系统调查。

2.1.3　鉴定评级的层次和等级划分

构件是可靠性鉴定最基本的鉴定单元，它可以是单件、组合件或一个片段。子单元是由构件组成的，一般按地基基础、上部承重结构和围护系统承重部分划分为三个子单元。鉴定单元由子单元组成，根据被鉴定建筑物的结构特点和结构体系的种类，将该建筑物划分成一个或若干个可以独立进行鉴定的区段，每一区段为一鉴定单元。可靠性鉴定可根据构件、子单元和鉴定单元划分为三个层次。将建筑物划分为若干层次后，按照规定的检查项目和步骤，从构件层次开始，逐层进行评定。从表 2.1-1 中看到，根据构件的各检查项目评定结果，确定单个构件的安全性鉴定、使用性鉴定、可靠性鉴定的等级，单个构件的安全性鉴定划分为a_u、b_u、c_u、d_u四个等级，使用性鉴定划分为a_s、b_s、c_s三个等级，可靠性鉴定划分为a、b、c、d四个等级；根据子单元各检查项目及各构件集的评定结果，进行第二层次的评定，确定子单元的安全性鉴定、使用性鉴定、可靠性鉴定的等级，子单元的安全性鉴定划分为A_u、B_u、C_u、D_u四个等级，使用性鉴定划分为A_s、B_s、C_s三个等级，可靠性鉴定划分为A、B、C、D四个等级；根据各子单元的评定结果，进行第三层次的评定，确定鉴定单元的安全性鉴定、使用性鉴定、可靠性鉴定的等级，鉴定单元的安全性鉴定划分为A_{su}、B_{su}、C_{su}、D_{su}四个等级，使用性鉴定划分为A_{ss}、B_{ss}、C_{ss}三个等级，可靠性鉴定划分为Ⅰ、Ⅱ、Ⅲ、Ⅳ四个等级。

可靠性鉴定评级的层次、等级划分及工作内容　　　　表 2.1-1

<table>
<tr><td colspan="2">层次</td><td>一</td><td colspan="2">二</td><td>三</td></tr>
<tr><td colspan="2">层名</td><td>构件</td><td colspan="2">子单元</td><td>鉴定单元</td></tr>
<tr><td rowspan="8">安全性鉴定</td><td>等级</td><td>a_u、b_u、c_u、d_u</td><td colspan="2">A_u、B_u、C_u、D_u</td><td>A_{su}、B_{su}、C_{su}、D_{su}</td></tr>
<tr><td rowspan="3">地基基础</td><td>—</td><td>地基变形评级</td><td rowspan="3">地基基础评级</td><td rowspan="7">鉴定单元安全性评级</td></tr>
<tr><td rowspan="2">按同类材料构件各检查项目评定单个基础等级</td><td>边坡场地稳定性评级</td></tr>
<tr><td>地基承载力评级</td></tr>
<tr><td rowspan="3">上部承重结构</td><td rowspan="2">按承载能力、构造、不适于承载的位移或损伤等检查项目评定单个构件等级</td><td>每种构件集评级</td><td rowspan="3">上部承重结构评级</td></tr>
<tr><td>结构侧向位移评级</td></tr>
<tr><td>—</td><td>按结构布置、支撑、圈梁、结构间联系等检查项目评定结构整体性等级</td></tr>
<tr><td>围护系统承重部分</td><td colspan="3">按上部承重结构检查项目及步骤评定围护系统承重部分各层次安全性等级</td></tr>
<tr><td rowspan="6">使用性鉴定</td><td>等级</td><td>a_s、b_s、c_s</td><td colspan="2">A_s、B_s、C_s</td><td>A_{ss}、B_{ss}、C_{ss}</td></tr>
<tr><td>地基基础</td><td>—</td><td colspan="2">按上部承重结构和围护系统工作状态评估地基基础等级</td><td rowspan="5">鉴定单元正常使用性评级</td></tr>
<tr><td rowspan="2">上部承重结构</td><td rowspan="2">按位移、裂缝、风化、锈蚀等检查项目评定单个构件等级</td><td>每种构件集评级</td><td rowspan="2">上部承重结构评级</td></tr>
<tr><td>结构侧向位移评级</td></tr>
<tr><td rowspan="2">围护系统承重部分</td><td>—</td><td>按屋面防水、吊顶、墙、门窗、地下防水及其他防护设施等检查项目评定围护系统功能等级</td><td rowspan="2">围护系统评级</td></tr>
<tr><td colspan="2">按上部承重结构检查项目及步骤评定围护系统承重部分各层次使用性等级</td></tr>
<tr><td rowspan="4">可靠性鉴定</td><td>等级</td><td>a、b、c、d</td><td colspan="2">A、B、C、D</td><td>Ⅰ、Ⅱ、Ⅲ、Ⅳ</td></tr>
<tr><td>地基基础</td><td colspan="3" rowspan="3">以同层次安全性和正常使用性评定结果并列表达，或按国家标准《民用建筑可靠性鉴定标准》GB 50292—2015 规定的原则确定其可靠性等级</td><td rowspan="3">鉴定单元可靠性评级</td></tr>
<tr><td>上部承重结构</td></tr>
<tr><td>围护系统承重部分</td></tr>
</table>

1）安全性鉴定评级的各层次分级标准

从表 2.1-2 民用建筑安全性鉴定评级的各层次分级标准可以看到，安全性鉴定评级的三个层次鉴定均分为四个等级，评定等级的标准均是以第一级作为衡量标准。

民用建筑安全性鉴定评级的各层次分级标准　　表 2.1-2

层次	鉴定对象	等级	分级标准	处理要求
一	单个构件或其检查项目	a_u	安全性符合《民用建筑可靠性鉴定标准》GB 50292—2015 对 a_u 级的规定，具有足够的承载能力	不必采取措施
		b_u	安全性略低于《民用建筑可靠性鉴定标准》GB 50292—2015 对 a_u 级的规定，尚不显著影响承载能力	可不采取措施
		c_u	安全性不符合《民用建筑可靠性鉴定标准》GB 50292—2015 对 a_u 级的规定，显著影响承载能力	应采取措施
		d_u	安全性不符合《民用建筑可靠性鉴定标准》GB 50292—2015 对 a_u 级的规定，已严重影响承载能力	必须及时或立即采取措施
二	子单元或子单元中的某种构件集	A_u	安全性符合《民用建筑可靠性鉴定标准》GB 50292—2015 对 A_u 级的规定，不影响整体承载	可能有个别一般构件应采取措施
		B_u	安全性略低于《民用建筑可靠性鉴定标准》GB 50292—2015 对 A_u 级的规定，尚不显著影响整体承载	可能有极少数构件应采取措施
		C_u	安全性不符合《民用建筑可靠性鉴定标准》GB 50292—2015 对 A_u 级的规定，显著影响整体承载	应采取措施，且可能有极少数构件必须立即采取措施
		D_u	安全性极不符合《民用建筑可靠性鉴定标准》GB 50292—2015 对 A_u 级的规定，已严重影响整体承载	必须立即采取措施
三	鉴定单元	A_{su}	安全性符合《民用建筑可靠性鉴定标准》GB 50292—2015 对 A_{su} 级的规定，不影响整体承载	可能有极少数一般构件应采取措施
		B_{su}	安全性略低于《民用建筑可靠性鉴定标准》GB 50292—2015 对 A_{su} 级的规定，尚不显著影响整体承载	可能有极少数构件应采取措施
		C_{su}	安全性不符合《民用建筑可靠性鉴定标准》GB 50292—2015 对 A_{su} 级的规定，显著影响整体承载	应采取措施，且可能有极少数构件必须及时采取措施
		D_{su}	安全性严重不符合《民用建筑可靠性鉴定标准》GB 50292—2015 对 A_{su} 级的规定，已严重影响整体承载	必须立即采取措施

2）使用性鉴定评级的各层次分级标准

从表 2.1-3 可以看到，民用建筑使用性鉴定评级的三个层次鉴定均分为三个等级，评定等级的标准均是以第一级作为衡量标准。

民用建筑使用性鉴定评级的各层次分级标准　　表 2.1-3

层次	鉴定对象	等级	分级标准	处理要求
一	单个构件或其检查项目	a_s	使用性符合《民用建筑可靠性鉴定标准》GB 50292—2015 对 a_s 级的规定，具有正常的使用功能	不必采取措施
		b_s	使用性略低于《民用建筑可靠性鉴定标准》GB 50292—2015 对 a_s 级的规定，尚不显著影响使用功能	可不采取措施
		c_s	使用性不符合《民用建筑可靠性鉴定标准》GB 50292—2015 对 a_s 级的规定，显著影响使用功能	应采取措施

续表

层次	鉴定对象	等级	分级标准	处理要求
二	子单元或子单元中的某种构件集	A_s	使用性符合《民用建筑可靠性鉴定标准》GB 50292—2015 对 A_s 级的规定，不影响整体使用功能	可能有极少数一般构件应采取措施
		B_s	使用性略低于《民用建筑可靠性鉴定标准》GB 50292—2015 对 A_s 级的规定，尚不显著影响整体使用功能	可能有极少数构件应采取措施
		C_s	使用性不符合《民用建筑可靠性鉴定标准》GB 50292—2015 对 A_s 级的规定，显著影响整体使用功能	应采取措施
三	鉴定单元	A_{ss}	使用性符合《民用建筑可靠性鉴定标准》GB 50292—2015 对 A_{ss} 级的规定，不影响整体使用功能	可能有极少数一般构件应采取措施
		B_{ss}	使用性略低于《民用建筑可靠性鉴定标准》GB 50292—2015 对 A_{ss} 级的规定，尚不显著影响整体使用功能	可能有极少数构件应采取措施
		C_{ss}	使用性不符合《民用建筑可靠性鉴定标准》GB 50292—2015 对 A_{ss} 级的规定，显著影响整体使用功能	应采取措施

3）可靠性鉴定评级的各层次分级标准

从表 2.1-4 可以看到，民用建筑可靠性鉴定评级的三个层次鉴定均分为四个等级，评定等级的标准均是以第一级作为衡量标准。

民用建筑可靠性鉴定评级的各层次分级标准　　表 2.1-4

层次	鉴定对象	等级	分级标准	处理要求
一	单个构件或其检查项目	a	可靠性符合《民用建筑可靠性鉴定标准》GB 50292—2015 对 a 级的规定，具有正常的承载功能和使用功能	不必采取措施
		b	可靠性略低于《民用建筑可靠性鉴定标准》GB 50292—2015 对 a 级的规定，尚不显著影响承载功能和使用功能	可不采取措施
		c	可靠性不符合《民用建筑可靠性鉴定标准》GB 50292—2015 对 a 级的规定，显著影响承载功能和使用功能	应采取措施
		d	可靠性极不符合《民用建筑可靠性鉴定标准》GB 50292—2015 对 a 级的规定，已严重影响安全	必须及时或立即采取措施
二	子单元或子单元中的某种构件集	A	可靠性符合《民用建筑可靠性鉴定标准》GB 50292—2015 对 A 级的规定，不影响整体承载功能和使用功能	可能有个别一般构件应采取措施
		B	可靠性略低于《民用建筑可靠性鉴定标准》GB 50292—2015 对 A 级的规定，尚不显著影响整体承载功能和使用功能	可能有极少数构件应采取措施
		C	可靠性不符合《民用建筑可靠性鉴定标准》GB 50292—2015 对 A 级的规定，显著影响整体承载功能和使用功能	应采取措施，且可能有极少数构件必须及时采取措施
		D	可靠性极不符合《民用建筑可靠性鉴定标准》GB 50292—2015 对 A 级的规定，已严重影响安全	必须及时或立即采取措施
三	鉴定单元	Ⅰ	可靠性符合《民用建筑可靠性鉴定标准》GB 50292—2015 对Ⅰ级的规定，不影响整体承载功能和使用功能	可能有极少数一般构件应在安全性或使用性方面采取措施
		Ⅱ	可靠性略低于《民用建筑可靠性鉴定标准》GB 50292—2015 对Ⅰ级的规定，尚不显著影响整体承载功能和使用功能	可能有极少数构件应在安全性或使用性方面采取措施

续表

层次	鉴定对象	等级	分级标准	处理要求
三	鉴定单元	Ⅲ	可靠性不符合《民用建筑可靠性鉴定标准》GB 50292—2015对Ⅰ级的规定，显著影响整体承载功能和使用功能	应采取措施，且可能有极少数构件必须及时采取措施
		Ⅳ	可靠性极不符合《民用建筑可靠性鉴定标准》GB 50292—2015对Ⅰ级的规定，已严重影响安全	必须及时或立即采取措施

2.2 构件安全性鉴定

2.2.1 混凝土构件

混凝土构件的安全性主要对承载能力、构造、不适于承载的位移或变形、裂缝或其他损伤四个项目来分别评定每一受检构件的等级，并取其中最低一级作为该构件安全性等级。项目分级详见表 2.2-1～表 2.2-4。

按承载能力评定的混凝土构件安全性等级　　表 2.2-1

构件类别	安全性等级			
	a_u级	b_u级	c_u级	d_u级
主要构件及节点、连接	$R/(\gamma_0 S) \geqslant 1.00$	$R/(\gamma_0 S) \geqslant 0.95$	$R/(\gamma_0 S) \geqslant 0.90$	$R/(\gamma_0 S) < 0.9$
一般构件	$R/(\gamma_0 S) \geqslant 1.00$	$R/(\gamma_0 S) \geqslant 0.90$	$R/(\gamma_0 S) \geqslant 0.85$	$R/(\gamma_0 S) < 0.85$

按构造评定的混凝土构件安全性等级　　表 2.2-2

检查项目	a_u级或b_u级	c_u级或d_u级
结构构造	结构、构件的构造合理，符合国家现行相关规范要求	结构、构件的构造不当，或有明显缺陷，不符合国家现行相关规范要求
连接或节点构造	连接方式正确，构造符合国家现行相关规范要求，无缺陷，或仅有局部的表面缺陷，工作无异常	连接方式不当，构造有明显缺陷，已导致焊缝或螺栓等发生变形、滑移、局部拉脱、剪坏或裂缝
受力预埋件	构造合理，受力可靠，无变形、滑移、松动或其他损坏	构造有明显缺陷，已导致预埋件发生变形、滑移、松动或其他损坏

除桁架外其他混凝土受弯构件不适于承载的变形的评定　　表 2.2-3

检查项目	构件类别		c_u级或d_u级
挠度	主要受弯构件：主梁、托梁等		$> l_0/200$
	一般受弯构件	$l_0 \leqslant 7\text{m}$	$> l_0/120$，或$> 47\text{mm}$
		$7\text{m} < l_0 \leqslant 9\text{m}$	$> l_0/150$，或$> 50\text{mm}$
		$l_0 > 9\text{m}$	$> l_0/180$
侧向弯曲的矢高	预制屋面梁或深梁		$> l_0/400$

对桁架的挠度，当其实测值大于其计算跨度的 1/400 时，要结合其承载力验算结果来评定其等级：①当验算结果不低于b_u级时，仍可定为b_u级；②当验算结果低于b_u级时，应

根据其实际严重程度定为c_u级或d_u级。

对柱顶的水平位移或倾斜，当其实测值大于子单元上部结构位移所列的限值时，应按下列规定评级：①当该位移与整个结构有关时，应根据子单元上部结构位移的评定结果，取与上部承重结构相同的级别作为该柱的水平位移等级；②当该位移只是孤立事件时，则应在柱的承载能力验算中考虑此附加位移的影响，并按承载能力的规定评级；③当该位移尚在发展时，应直接定为d_u级。

混凝土构件不适于承载的裂缝宽度的评定　　　　表 2.2-4

检查项目	环境	构件类别		c_u级或d_u级
受力主筋处的弯曲裂缝、一般弯剪裂缝和受拉裂缝宽度/mm	室内正常环境	钢筋混凝土	主要构件	> 0.50
			一般构件	> 0.70
		预应力混凝土	主要构件	> 0.20（0.30）
			一般构件	> 0.30（0.50）
	高湿度环境	钢筋混凝土	任何构件	> 0.40
		预应力混凝土		> 0.10（0.20）
剪切裂缝和受压裂缝/mm	任何环境	钢筋混凝土或预应力	混凝土	出现裂缝

注：1. 表中括号内的限值适用于热轧钢筋配筋的预应力混凝土构件；
2. 裂缝宽度以表面测量值为准。

当混凝土构件出现下列情况之一的非受力裂缝时，也应视为不适于承载的裂缝，并应根据其实际严重程度定为c_u级或d_u级。

（1）因主筋锈蚀或腐蚀，导致混凝土产生沿主筋方向开裂、保护层脱落或掉角。

（2）因温度、收缩等作用产生的裂缝，其宽度已比表 2.2-4 规定的弯曲裂缝宽度值超过 50%，且分析表明已显著影响结构的受力。

当混凝土构件同时存在受力和非受力裂缝时，应分别评定其等级，并取其中较低一级作为该构件的裂缝等级。

当混凝土构件有较大范围损伤时，应根据其实际严重程度直接定为c_u级或d_u级。

2.2.2　钢构件

钢构件的安全性主要对承载能力、构造以及不适于承载的位移或变形三个项目，分别评定每一受检构件等级；钢结构节点、连接域的安全性主要对承载能力和构造两个检查项目，分别评定每一节点、连接域等级；对冷弯薄壁型钢结构、轻钢结构、钢桩以及地处有腐蚀性介质的工业区，或高湿、临海地区的钢结构，尚应以不适于承载的锈蚀作为检查项目评定其等级；然后取其中最低一级作为该构件的安全性等级。项目分级详见表 2.2-5～表 2.2-8。

按承载能力评定的钢构件安全性等级　　　　表 2.2-5

构件类别	安全性等级			
	a_u级	b_u级	c_u级	d_u级
主要构件及节点、连接域	$R/(\gamma_0 S) \geqslant 1.00$	$R/(\gamma_0 S) \geqslant 0.95$	$R/(\gamma_0 S) \geqslant 0.90$	$R/(\gamma_0 S) < 0.9$ 或当构件或连接出现脆性断裂、疲劳开裂或局部失稳变形迹象时
一般构件	$R/(\gamma_0 S) \geqslant 1.00$	$R/(\gamma_0 S) \geqslant 0.90$	$R/(\gamma_0 S) \geqslant 0.85$	$R/(\gamma_0 S) < 0.85$ 或当构件或连接出现脆性断裂、疲劳开裂或局部失稳变形迹象时

按构造评定的钢构件安全性等级 表 2.2-6

检查项目	a_u级或b_u级	c_u级或d_u级
结构构造	构件组成形式、长细比或高跨比、宽厚比或高厚比等符合国家现行相关规范规定；无缺陷，或仅有局部表面缺陷；工作无异常	构件组成形式、长细比或高跨比、宽厚比或高厚比等不符合国家现行相关规范规定；存在明显缺陷，已影响或显著影响正常工作
节点、连接构造	节点构造、连接方式正确，符合国家现行相关规范规定；构造无缺陷或仅有局部的表面缺陷，工作无异常	节点构造、连接方式不当，不符合国家现行相关规范规定；构造有明显缺陷。已影响或显著影响正常工作

注：1. 构造缺陷还包括施工遗留的缺陷：对焊缝系指夹渣、气泡、咬边、烧穿、漏焊、少焊、未焊透以及焊脚尺寸不足等；对铆钉或螺栓系指漏铆、漏栓、错位、错排及掉头等；其他施工遗留的缺陷根据实际情况确定；

2. 节点、连接构造的局部表面缺陷包括焊缝表面质量稍差、焊缝尺寸稍有不足、连接板位置稍有偏差等；节点、连接构造的明显缺陷包括焊接部位有裂纹，部分螺栓或铆钉有松动、变形、断裂、脱落或节点板、连接板、铸件有裂纹或显著变形等。

其他钢结构受弯构件不适于承载的变形的评定 表 2.2-7

检查项目	构件类别			c_u级或d_u级
挠度	主要构件	网架	屋盖的短向	$> l_s/250$，且可能发展
			楼盖的短向	$> l_s/200$，且可能发展
		主梁、托梁		$> l_0/200$
	一般受弯构件	其他梁		$> l_0/150$
		檩条梁		$> l_0/100$
侧向弯曲的矢高	深梁			$> l_0/400$
	一般实腹梁			$> l_0/350$

注：表中l_0为构件计算跨度（m）；l_s为网架短向计算跨度（m）。

（1）对桁架、屋架或托架的挠度，当其实测值大于桁架计算跨度的 1/400 时，应验算其承载能力。验算时，应考虑由于位移产生的附加应力的影响，并按下列原则评级：①当验算结果不低于b_u级时，仍定为b_u级，但宜附加观察使用一段时间的限制；②当验算结果低于b_u级时，应根据其实际严重程度定为c_u级或d_u级。

（2）对桁架顶点的侧向位移，当其实测值大于桁架高度的 1/200，且有可能发展时，应定为c_u级或d_u级。

（3）对柱顶的水平位移或倾斜，当其实测值大于子单元上部结构位移的限值时，应按下列规定评级：①当该位移与整个结构有关时，应根据子单元上部结构位移的评定结果，取与上部承重结构相同的级别作为该柱的水平位移等级；②当该位移只是孤立事件时，则应在柱的承载能力验算中考虑此附加位移的影响，并按①的规定评级；③当该位移尚在发展时，应直接定为d_u级。④对偏差超限或其他使用原因引起的柱、桁架受压弦杆的弯曲，当弯曲矢高实测值大于柱的自由长度的 1/660 时，应在承载能力的验算中考虑其所引起的附加弯矩的影响，并按①的规定评级。

钢构件不适于承载的锈蚀的评定 表 2.2-8

等级	评定标准
c_u级	在结构的主要受力部位，构件截面平均锈蚀深度Δt大于 $0.1t$，但不大于 $0.15t$
d_u级	在结构的主要受力部位，构件截面平均锈蚀深度Δt大于 $0.15t$

注：表中t为锈蚀部位构件原截面的壁厚，或钢板的板厚。

2.2.3 砌体构件

砌体构件的安全性主要对承载能力、构造、不适于承载的位移和裂缝或其他损伤四个项目，分别评定每一受检构件等级，并取其中最低一级作为该构件的安全性等级。

项目分级详见表 2.2-9、表 2.2-10。

按承载能力评定的砌体构件安全性等级　　表 2.2-9

构件类别	安全性等级			
	a_u级	b_u级	c_u级	d_u级
主要构件及连接	$R/(\gamma_0 S) \geqslant 1.00$	$R/(\gamma_0 S) \geqslant 0.95$	$R/(\gamma_0 S) \geqslant 0.90$	$R/(\gamma_0 S) < 0.9$
一般构件	$R/(\gamma_0 S) \geqslant 1.00$	$R/(\gamma_0 S) \geqslant 0.90$	$R/(\gamma_0 S) \geqslant 0.85$	$R/(\gamma_0 S) < 0.85$

按连接及构造评定砌体构件安全性等级　　表 2.2-10

检查项目	a_u级或b_u级	c_u级或d_u级
墙、柱的高厚比	符合国家现行相关规范的规定	不符合国家现行相关规范的规定，且已超过现行国家标准《砌体结构设计规范》GB 50003 规定限值的 10%
连接及构造	连接及砌筑方式正确，构造符合国家现行相关规范规定，无缺陷或仅有局部的表面缺陷，工作无异常	连接及砌筑方式不当，构造有严重缺陷，已导致构件或连接部位开裂、变形、位移、松动，或已造成其他损坏

注：1. 构件支承长度的检查与评定包含在“连接及构造”的项目中；
2. 构造缺陷包括施工遗留的缺陷。

当砌体构件安全性按不适于承载的位移或变形评定时，应符合下列规定：

（1）对墙、柱的水平位移或倾斜，当其实测值大于子单元上部结构位移的限值时，应按下列规定评级：①当该位移与整个结构有关时，应根据子单元上部结构位移的评定结果，取与上部承重结构相同的级别作为该墙、柱的水平位移等级；②当该位移只是孤立事件时，则应在其承载能力验算中考虑此附加位移的影响；当验算结果不低于b_u级时，仍可定为b_u级；当验算结果低于b_u级时，应根据其实际严重程度定为c_u级或d_u级；③当该位移尚在发展时，应直接定为d_u级。

（2）除带壁柱墙外，对偏差或使用原因造成的其他柱的弯曲，当其矢高实测值大于柱的自由长度的 1/300 时，应在其承载能力验算中计入附加弯矩的影响，并应根据验算结果评级。

（3）对拱或壳体结构构件出现的下列位移或变形，可根据其实际严重程度定为c_u级或d_u级：①拱脚或壳的边梁出现水平位移；②拱轴线或筒拱、扁壳的曲面发生变形。

（4）当砌体结构的承重构件出现下列受力裂缝时，应视为不适于承载的裂缝，并应根据其严重程度评为c_u级或d_u级：①桁架、主梁支座下的墙、柱的端部或中部，出现沿块材断裂或贯通的竖向裂缝或斜裂缝。②空旷房屋承重外墙的变截面处，出现水平裂缝或沿块材断裂的斜向裂缝。③砖砌过梁的跨中或支座出现裂缝；或虽未出现肉眼可见的裂缝，但发现其跨度范围内有集中荷载。④筒拱、双曲筒拱、扁壳等的拱面、壳面，出现沿拱顶母线或对角线的裂缝。⑤拱、壳支座附近或支承的墙体上出现沿块材断裂的斜裂缝。⑥明显的受压、受弯或受剪裂缝。

（5）当砌体结构、构件出现下列非受力裂缝时，应视为不适于承载的裂缝，并应根据其实际严重程度评为c_u级或d_u级：①纵横墙连接处出现通长的竖向裂缝。②承重墙体墙身裂缝严重，且最大裂缝宽度已大于5mm。③独立柱已出现宽度大于1.5mm的裂缝，或有断裂、错位迹象。④其他显著影响结构整体性的裂缝。

（6）当砌体结构、构件存在可能影响结构安全的损伤时，应根据其严重程度直接定为c_u级或d_u级。

2.3 构件使用性鉴定

使用性鉴定应以现场的调查、检测结果为基本依据，其采用的检测数据应真实完整。当遇到下列情况之一时，结构的主要构件鉴定，尚应按正常使用极限状态的要求进行计算分析与验算：①检测结果需与计算值进行比较；②检测只能取得部分数据，需通过计算分析进行鉴定；③为改变建筑物用途、使用条件或使用要求而进行的鉴定。

对被鉴定的结构构件进行验算时，构件材料的弹性模量、剪变模量和泊松比等物理性能指标，可根据鉴定确认的材料品种和强度等级，按现行设计规范规定的数值采用。验算结果应按现行标准、规范规定的限值进行评级。若验算合格，可根据其实际完好程度评为a_s级或b_s级；若验算不合格，应定为c_s级。若验算结果与观察不符，应进一步检查设计和施工方面可能存在的差错。

经详细检查未发现构件有明显的变形、缺陷、损伤、腐蚀，也没有累积损伤问题，同时经过长时间的使用，构件状态仍然良好或基本良好，能够满足下一目标使用年限内的正常使用要求，且构件上的作用和环境条件与过去相比不会发生显著变化时。可根据构件实际工作情况将其使用性等级直接评为a_s级或b_s级。

构件按材料来分，一般有混凝土构件、钢构件和砌体构件等。在对构件的使用性进行鉴定评级时，应根据其不同的材料种类相关规定来执行。

2.3.1 混凝土构件

混凝土构件的使用性鉴定，应按位移（变形）、裂缝、缺陷和损伤四个检查项目，分别评定每一受检构件的等级，并取其中最低一级作为该构件使用性等级。混凝土构件碳化深度的测定结果，主要用于鉴定分析，不参与评级，但若构件主筋已处于碳化区内，则应在鉴定报告中指出，并应结合其他项目的检测结果提出处理的建议。

当混凝土桁架和其他受弯构件的使用性按其挠度检测结果评定时，宜按下列规定评级：①若检测值小于计算值及现行设计规范限值时，可评为a_s级；②若检测值大于或等于计算值，但不大于现行设计规范限值时，可评为b_s级；③若检测值大于现行设计规范限值时，应评为c_s级。

在一般结构的鉴定中，对检测值小于现行设计规范限值的情况，允许不经计算，直接根据其完好程度评为a_s级或b_s级。

当混凝土柱的使用性需要按其柱顶水平位移（或倾斜）检测结果评定时，可按下列原则评级：①若该位移的出现与整个结构有关，应取与上部承重结构相同的级别作为该柱的水平位移等级；②若该位移的出现只是孤立事件，可根据其检测结果直接评级。评级所需的位移限值，可按层间限值乘以 1.1 的系数确定。

1）混凝土构件裂缝宽度

当混凝土构件的使用性按其裂缝宽度检测结果评定有计算值时，若检测值小于计算值及现行设计规范限值，可评为a_s级；若检测值大于或等于计算值，但不大于现行设计规范限值，可评为b_s级；若检测值大于现行设计规范限值，应评为c_s级。当检测结果评定无计算值时，应按表 2.3-1 或表 2.3-2 的规定评级。对沿主筋方向出现的锈迹或细裂缝，应直接评为c_s级，若一根构件同时出现两种或以上的裂缝，应分别评级，并取其中最低一级作为该构件的裂缝等级。

钢筋混凝土构件裂缝宽度等级的评定　　　**表 2.3-1**

检查项目	环境类别和作用等级	构件种类		裂缝评定标准		
				a_s级	b_s级	c_s级
受力主筋处的弯曲裂缝或弯剪裂缝宽度/mm	I-A	主要构件	屋架、托架	≤ 0.15	≤ 0.20	> 0.20
			主梁、托梁	≤ 0.20	≤ 0.30	> 0.30
		一般构件		≤ 0.25	≤ 0.40	> 0.40
	I-B、I-C	任何构件		≤ 0.15	≤ 0.20	> 0.20
	Ⅱ	任何构件		≤ 0.10	≤ 0.15	> 0.15
	Ⅲ、Ⅳ	任何构件		无肉眼可见的裂缝	≤ 0.10	> 0.10

注：1. 对拱架和屋面梁，应分别按屋架和主梁评定；
2. 裂缝宽度以表面量测的数值为准。

预应力混凝土构件裂缝宽度等级的评定　　　**表 2.3-2**

检查项目	环境类别和作用等级	构件种类	裂缝评定标准		
			a_s级	b_s级	c_s级
受力主筋处的弯曲裂缝或弯剪裂缝宽度/mm	I-A	主要构件	无裂缝（≤ 0.05）	≤ 0.05（≤ 0.10）	> 0.05（> 0.10）
		一般构件	< 0.02（≤ 0.15）	≤ 0.10（≤ 0.25）	> 0.10（> 0.25）
	I-B、I-C	任何构件	无裂缝	≤ 0.02（≤ 0.05）	> 0.02（> 0.05）
	Ⅱ、Ⅲ、Ⅳ	任何构件	无裂缝	无裂缝	有裂缝

注：1. 表中括号内限值仅适用于采用热轧钢筋配筋的预应力混凝土构件；
2. 当构件无裂缝时，评定结果取a_s级或b_s级，可根据其混凝土外观质量的完好程度判定。

2）混凝土构件缺陷和损伤

混凝土构件缺陷和损伤项目应按表 2.3-3 的规定评级。

混凝土构件的缺陷和损伤等级的评定　　　**表 2.3-3**

检查项目	a_s级	b_s级	c_s级
缺陷	无明显缺陷	局部有缺陷，但缺陷深度小于钢筋保护层厚度	有较大范围的缺陷，或局部的严重缺陷，且缺陷深度大于钢筋保护层厚度
钢筋锈蚀损伤	无锈蚀现象	探测表明有可能锈蚀	已出现沿主筋方向的锈蚀裂缝，或明显的锈迹
混凝土腐蚀损伤	无腐蚀损伤	表面有轻度腐蚀损伤	有明显腐蚀损伤

2.3.2 钢构件

钢构件的使用性鉴定，应按位移或变形、缺陷（含偏差）和锈蚀（腐蚀）三个检查项目，分别评定每一受检构件等级，并以其中最低一级作为该构件的使用性等级。对钢结构受拉构件，尚应以长细比作为检查项目参与上述评级。

当钢桁架和其他受弯构件的使用性按其挠度检测结果评定时，应按下列规定评级：①若检测值小于计算值及现行设计规范限值时，可评为a_s级；②若检测值大于或等于计算值，但不大于现行设计规范限值时，可评为b_s级；③若检测值大于现行设计规范限值时，可评为c_s级。在一般构件的鉴定中，对检测值小于现行设计规范限值的情况，可直接根据其完好程度定为a_s级或b_s级。

当钢柱的使用性按其柱顶水平位移（或倾斜）检测结果评定时，可按下列原则评级：①若该位移的出现与整个结构有关，取与上部承重结构相同的级别作为该柱的水平位移等级；②若该位移的出现只是孤立事件，可根据其检测结果直接评级，评级所需的位移限值，可按层间限值确定。

1）钢构件缺陷和损伤

钢构件的缺陷（含偏差）和损伤的检测结果评定时，应按表 2.3-4 的规定评级。

钢构件缺陷（含偏差）和损伤等级的评定 表 2.3-4

检查项目	a_s级	b_s级	c_s级
桁架（屋架）不垂直度	不大于桁架高度的 1/250，且不大于 15mm	略大于a_s级允许值，尚不影响使用	大于a_s级允许值，已影响使用
受压构件平面内的弯曲矢高	不大于构件自由长度的 1/1000，且不大于 10mm	不大于构件自由长度的 1/660	大于构件自由长度的 1/660
实腹梁侧向弯曲矢高	不大于构件计算跨度的 1/660	不大于构件跨度的 1/500	大于构件跨度的 1/500
其他缺陷或损伤	无明显缺陷或损伤	局部有表面缺陷或损伤，尚不影响正常使用	有较大范围缺陷或损伤，且已影响正常使用

2）钢索构件

当钢索构件索的外包裹防护层有损伤性缺陷时，应根据其影响正常使用的程度评为b_s级或c_s级。当钢结构受拉构件的使用性按其长细比的检测结果评定时，应按表 2.3-5 的规定评级。

钢结构受拉构件长细比等级的评定 表 2.3-5

构件类别		a_s级或b_s级	c_s级
重要受拉构件	桁架拉杆	≤ 350	> 350
	网架支座附近处拉杆	≤ 300	> 300
一般受拉构件		≤ 400	> 400

注：1. 评定结果取a_s级或b_s级，可根据其实际完好程度确定；
2. 当钢结构受拉构件的长细比虽略大于b_s级的限值，但若该构件的下垂矢高尚不影响其正常使用时，仍可定为b_s级；
3. 张紧的圆钢拉杆的长细比不受本表限制。

3）钢构件防火涂层

当钢构件使用性按防火涂层的检测结果评定时，应按表 2.3-6 的规定评级。

钢构件防火涂层等级的评定　　　　表 2.3-6

基本项目	a_s	b_s	c_s
外观质量（包括涂膜裂纹）	涂膜无空鼓、开裂、脱落、霉变、粉化等现象	涂膜局部开裂，薄型涂料涂层裂纹宽度不大于 0.5mm；厚型涂料涂层裂纹宽度不大于 1.0mm；边缘局部脱落；对防火性能无明显影响	防水涂膜开裂，薄型涂料层裂纹宽度大于 0.5mm；厚型涂料涂层裂纹宽度大于 1.0mm；重点防火区域涂层局部脱落；对结构防火性能产生明显影响
涂层附着力	涂层完整	涂层完整程度达到 70%	涂层完整程度低于 70%
涂膜厚度	厚度符合设计或国家现行规范要求	厚度小于设计要求，但小于设计厚度的测点数不大于 10%，且测点处实测厚度不小于设计厚度的 90%；厚型防火涂料涂膜，厚度小于设计厚度的面积不大于 20%，且最薄处厚度不小于设计厚度的 85%，厚度不足部位的连续长度不大于 1m，并在 5m 范围内无类似情况	达不到b_s级的要求

2.3.3　砌体构件

砌体构件的使用性鉴定，应按位移、非受力裂缝、腐蚀（风化或粉化）三个检查项目，分别评定每一受检构件等级，并取其中最低一级作为该构件的安全性等级。

当砌体墙、柱的使用性按其顶点水平位移（或倾斜）的检测结果评定时，可按下列原则评级：①若该位移与整个结构有关，取与上部承重结构相同的级别作为该构件的水平位移等级；②若该位移只是孤立事件，则可根据其检测结果直接评级。评级所需的位移限值，应按层间限值乘以 1.1 的系数确定。③构造合理的组合砌体墙、柱应按混凝土墙、柱评定。

1）砌体构件非受力裂缝

当砌体构件的使用性按其非受力裂缝检测结果评定时，应按表 2.3-7 的规定评级。

砌体构件非受力裂缝等级的评定　　　　表 2.3-7

检查项目	构件类别	a_s级	b_s级	c_s级
非受力裂缝宽度/mm	墙及带壁柱墙	无肉眼可见裂缝	≤ 1.5	> 1.5
	柱	无肉眼可见裂缝	无肉眼可见裂缝	出现肉眼可见裂缝

注：对无肉眼可见裂缝的柱，取a_s级或b_s级，可根据其实际完好程度确定。

2）砌体构件腐蚀

当砌体构件的使用性按其腐蚀，包括风化和粉化的检测结果评定时，应按表 2.3-8 的规定评级。

砌体构件腐蚀等级的评定　　　　表 2.3-8

检查部位		a_s级	b_s级	c_s级
块材	实心砖	无腐蚀现象	小范围出现腐蚀现象，最大腐蚀深度不大于 6mm，且无发展趋势	较大范围出现腐蚀现象或最大腐蚀深度大于 6mm，或腐蚀有发展趋势
	多孔砖 空心砖 小砌块		小范围出现腐蚀现象，最大腐蚀深度不大于 3mm，且无发展趋势	较大范围出现腐蚀现象或最大腐蚀深度大于 3mm，或腐蚀有发展趋势

续表

检查部位	a_s级	b_s级	c_s级
砂浆层	无腐蚀现象	小范围出现腐蚀现象，最大腐蚀深度不大于 10mm，且无发展趋势	较大范围出现腐蚀现象或最大腐蚀深度大于 10mm，或腐蚀有发展趋势
砌体内部钢筋	无锈蚀现象	有锈蚀可能或有轻微锈蚀现象	明显锈蚀或锈蚀有发展趋势

2.4 子单元安全性鉴定

民用建筑安全性的第二层次子单元鉴定评级，应按地基基础、上部承重结构和围护系统的承重部分划分为三个子单元分别鉴定，当不要求评定围护系统可靠性时，可不将围护系统承重部分列为子单元，将其安全性鉴定并入上部承重结构中。

2.4.1 地基基础

地基基础子单元的安全性鉴定评级，应根据地基变形或地基承载力的评定结果进行确定。对建在斜坡场地的建筑物，还应按边坡场地稳定性的评定结果进行确定。

（1）当地基基础的安全性按地基变形观测资料或其上部结构反应的检查结果评定时，应按下列规定评级：

①A_u级，不均匀沉降小于现行国家标准《建筑地基基础设计规范》GB 50007 规定的允许沉降差；建筑物无沉降裂缝、变形或位移。

②B_u级，不均匀沉降不大于现行国家标准《建筑地基基础设计规范》GB 50007 规定的允许沉降差；且连续两个月地基沉降量小于每月 2mm；建筑物的上部结构虽有轻微裂缝，但无发展迹象。

③C_u级，不均匀沉降大于现行国家标准《建筑地基基础设计规范》GB 50007 规定的允许沉降差；或连续两个月地基沉降量大于每月 2mm；或建筑物上部结构砌体部分出现宽度大于 5mm 的沉降裂缝，预制构件连接部位可能出现宽度大于 1mm 的沉降裂缝，且沉降裂缝短期内无终止趋势。

④D_u级，不均匀沉降远大于现行国家标准《建筑地基基础设计规范》GB 50007 规定的允许沉降差；连续两个月地基沉降量大于每月 2mm，且尚有变快趋势；或建筑物上部结构的沉降裂缝发展显著；砌体的裂缝宽度大于 10mm；预制构件连接部位的裂缝宽度大于 3mm；现浇结构个别部分也已开始出现沉降裂缝。

（2）当地基基础的安全性按其承载力评定时，可根据检测和计算分析结果，并应采用下列规定评级：

①当地基基础承载力符合现行国家标准《建筑地基基础设计规范》GB 50007 的规定时，可根据建筑物的完好程度评为A_u级或B_u级。

②当地基基础承载力不符合现行国家标准《建筑地基基础设计规范》GB 50007 的规定时，可根据建筑物开裂、损伤的严重程度评为C_u级或D_u级。

（3）当地基基础的安全性按边坡场地稳定性项目评级时，应按下列规定评级：

①A_u级，建筑场地地基稳定，无滑动迹象及滑动史。

②B_u级，建筑场地地基在历史上曾有过局部滑动，经治理后已停止滑动，且近期评估

表明，在一般情况下，不会再滑动。

③C_u级，建筑场地地基在历史上发生过滑动，目前虽已停止滑动，但当触动诱发因素时，今后仍有可能再滑动。

④D_u级，建筑场地地基在历史上发生过滑动，目前又有滑动或滑动迹象。

（4）地基基础子单元的安全性等级，应根据以上第（1）、（2）、（3）条在地基变形、承载力验算、稳定性三方面的评定结果按其中最低一级确定。

2.4.2　上部承重结构

上部承重结构子单元的安全性鉴定评级，应根据其结构承载功能等级、结构整体性等级以及结构侧向位移等级的评定结果进行确定。

（1）当上部承重结构可视为由平面结构组成的体系，且其构件工作不存在系统性因素的影响时，其承载功能的安全性等级应按下列规定评定：

①可在多、高层房屋的标准层中随机抽取$\sqrt{m}$层为代表层作为评定对象；m为该鉴定单元房屋的层数；当$\sqrt{m}$为非整数时，应多取一层；对一般单层房屋，宜以原设计的每一计算单元为一区，并应随机抽取$\sqrt{m}$区为代表区作为评定对象。

②除随机抽取的标准层外，尚应另增底层和顶层，以及高层建筑的转换层和避难层为代表层。代表层构件应包括该层楼板及其下的梁、柱、墙等。

③宜按结构分析或构件校核所采用的计算模型，以及标准关于构件集的规定，将代表层（或区）中的承重构件划分为若干主要构件集和一般构件集，并应规定评定每种构件集的安全性等级。

④可根据代表层（或区）中每种构件集的评级结果，按规定确定代表层（或区）的安全性等级。

⑤可根据本条第①～④款的评定结果，按规定确定上部承重结构承载功能的安全性等级。

（2）在代表层（或区）中，主要构件集安全性等级的评定，可根据该种构件集内每一受检构件的评定结果，按表 2.4-1 的标准评级。

主要构件集安全性等级的评定　　表 2.4-1

等级	多层及高层房屋	单层房屋
A_u	该构件集内，不含c_u级和d_u级，可含b_u级，但含量不多于 25%	该构件集内，不含c_u级和d_u级，可含b_u级，但含量不多于 30%
B_u	该构件集内，不含d_u级，可含c_u级，但含量不多于 15%	该构件集内，不含d_u级，可含c_u级，但含量不多于 20%
C_u	该构件集内，可含c_u级和d_u级；若仅含c_u级，其含量不应多于 40%；若仅含d_u级，其含量不应多于 10%；若同时含有c_u级和d_u级，c_u级含量不应多于 25%，d_u级含量不应多于 3%	该构件集内，可含c_u级和d_u级；若仅含c_u级，其含量不应多于 50%；若仅含d_u级，其含量不应多于 15%；若同时含有c_u级和d_u级，c_u级含量不应多于 30%，d_u级含量不应多于 5%
D_u	该构件集内，c_u级或d_u级含量多于C_u级的规定数	该构件集内，c_u级或d_u级含量多于C_u级的规定数

注：当计算的构件数为非整数时，应多取一根。

（3）在代表层（或区）中，一般构件集安全性等级的评定，应按表 2.4-2 的分级标准评级。

一般构件集安全性等级的评定　　表 2.4-2

等级	多层及高层房屋	单层房屋
A_u	该构件集内，不含c_u级和d_u级，可含b_u级，但含量不多于 30%	该构件集内，不含c_u级和d_u级，可含b_u级，但含量不多于 35%
B_u	该构件集内，不含d_u级，可含c_u级，但含量不多于 20%	该构件集内，不含d_u级，可含c_u级，但含量不多于 25%
C_u	该构件集内，可含c_u级和d_u级；c_u级含量不应多于 40%；d_u级含量不应多于 10%	该构件集内，可含c_u级和d_u级；c_u级含量不应多于 40%；d_u级含量不应多于 15%
D_u	该构件集内，c_u级或d_u级含量多于C_u级的规定数	该构件集内，c_u级或d_u级含量多于C_u级的规定数

（4）各代表层（或区）的安全性等级，应按该代表层（或区）中各主要构件集之间的最低等级确定。当代表层（或区）中一般构件集的最低等级比主要构件集最低等级低二级或三级时，该代表层（或区）所评的安全性等级应降一级或降二级。

（5）上部结构承载功能的安全性等级，可按下列规定确定：①A_u级，不含C_u级和D_u级代表层（或区），可含B_u级，但含量不多于 30%；②B_u级，不含D_u级代表层（或区）；可含C_u级，但含量不多于 15%；③C_u级，可含C_u级和D_u级代表层（或区）；当仅含C_u级时，其含量不多于 50%；当仅含D_u级时，其含量不多于 10%；当同时含有C_u级和D_u级时，其C_u级含量不应多于 25%，D_u级含量不多于 5%；④D_u级，其C_u级或D_u级代表层（或区）的含量多于C_u级的规定数。

（6）结构整体牢固性等级的评定，可按表 2.4-3 的规定，先评定其每一检查项目的等级，并应按下列原则确定该结构整体性等级：①当四个检查项目均不低于B_u级时，可按占多数的等级确定；②当仅一个检查项目低于B_u级时，可根据实际情况定为B_u级或C_u级；③每个项目评定结果取A_u级或B_u级，应根据其实际完好程度确定；④取C_u级或D_u级，应根据其实际严重程度确定。

结构整体牢固性等级的评定　　表 2.4-3

检查项目	A_u级或B_u级	C_u级或D_u级
结构布置及构造	布置合理，形成完整的体系，且结构选型及传力路线设计正确，符合国家现行设计规范规定	布置不合理，存在薄弱环节，未形成完整的体系；或结构选型、传力路线设计不当，不符合国家现行设计规范规定，或结构产生明显振动
支撑系统或其他抗侧力系统的构造	构件长细比及连接构造符合国家现行设计规范规定，形成完整的支撑系统，无明显残损或施工缺陷，能传递各种侧向作用	构件长细比或连接构造不符合国家现行设计规范规定，未形成完整的支撑系统，构件连接已失效或有严重缺陷，不能传递各种侧向作用
结构、构件间的联系	设计合理、无疏漏；锚固、拉结、连接方式正确、可靠，无松动变形或其他残损	设计不合理，多处疏漏；锚固、拉结、连接不当，或已松动变形，或已残损
砌体结构中圈梁及构造柱的布置与构造	布置正确，截面尺寸、配筋及材料强度等符合国家现行设计规范规定，无裂缝或其他残损，能起闭合系统作用	布置不当，截面尺寸、配筋及材料强度不符合国家现行设计规范规定，已开裂，或有其他残损，或不能起闭合系统作用

（7）对上部承重结构不适于承载的侧向位移，应根据其检测结果，按下列规定评级：

①当检测值已超出表 2.4-4 界限，且有部分构件出现裂缝、变形或其他局部损坏迹象时，应根据实际严重程度定为C_u级或D_u级。

②当检测值虽已超出表 2.4-4 界限，但尚未发现上款所述情况时，应进一步进行计入该位移影响的结构内力计算分析，并应按规定验算各构件的承载能力，当验算结果均不低于 b_u 级时，仍可将该结构定为 B_u 级，但宜附加观察使用一段时间的限制。当构件承载能力的验算结果低于 b_u 级时，应定为 C_u 级。

③对某些构造复杂的砌体结构，当按规定进行计算分析有困难时，各类结构不适于承载的侧向位移等级的评定，可直接按表 2.4-4 规定的界限值评级。

各类结构不适于承载的侧向位移等级的评定　　表 2.4-4

<table>
<tr><th rowspan="2">检查项目</th><th rowspan="2" colspan="4">结构类别</th><th>顶点位移</th><th>层间位移</th></tr>
<tr><th>C_u级或D_u级</th><th>C_u级或D_u级</th></tr>
<tr><td rowspan="4">结构平面内的侧向位移</td><td rowspan="4">混凝土结构或钢结构</td><td colspan="3">单层建筑</td><td>$> H/150$</td><td>—</td></tr>
<tr><td colspan="3">多层建筑</td><td>$> H/200$</td><td>$> H_i/150$</td></tr>
<tr><td rowspan="2">高层建筑</td><td colspan="2">框架</td><td>$> H/250$ 或 > 300mm</td><td>$> H_i/150$</td></tr>
<tr><td colspan="2">框架剪力墙框架筒体</td><td>$> H/300$ 或 > 400mm</td><td>$> H_i/250$</td></tr>
<tr><td rowspan="7">结构平面内的侧向位移</td><td rowspan="7">砌体结构</td><td rowspan="4">单层建筑</td><td rowspan="2">墙</td><td>$H \leqslant 7$m</td><td>$> H/250$</td><td>—</td></tr>
<tr><td>$H > 7$m</td><td>$> H/300$</td><td>—</td></tr>
<tr><td rowspan="2">柱</td><td>$H \leqslant 7$m</td><td>$> H/300$</td><td>—</td></tr>
<tr><td>$H > 7$m</td><td>$> H/330$</td><td>—</td></tr>
<tr><td rowspan="3">多层建筑</td><td rowspan="2">墙</td><td>$H \leqslant 10$m</td><td>$> H/300$</td><td rowspan="2">$> H_i/300$</td></tr>
<tr><td>$H > 10$m</td><td>$> H/330$</td></tr>
<tr><td>柱</td><td>$H \leqslant 10$m</td><td>$> H/330$</td><td>$> H_i/330$</td></tr>
<tr><td colspan="5">单层排架平面外侧倾</td><td>$> H/350$</td><td>—</td></tr>
</table>

注：表中 H 为结构顶点高度；H_i 为第 i 层层间高度。

（8）上部承重结构的安全性等级，应根据本小节第 1～7 条的评定结果，按下列原则确定：

①一般情况下，应按上部结构承载功能和结构侧向位移或倾斜的评级结果，取其中较低一级作为上部承重结构（子单元）的安全性等级。

②当上部承重结构按上款评为 B_u 级，但当发现各主要构件集所含的 c_u 级构件处于下列情况之一时，宜将所评等级降为 C_u 级：a. 出现 c_u 级构件交汇的节点连接；b. 不止一个 c_u 级存在于人群密集场所或其他破坏后果严重的部位。

③当上部承重结构按本条第 1 款评为 C_u 级，但当发现其主要构件集有下列情况之一时，宜将所评等级降为 D_u 级：a. 多层或高层房屋中，其底层柱集为 C_u 级；b. 多层或高层房屋的底层，或任一空旷层，或框支剪力墙结构的框架层的柱集为 D_u 级；c. 在人群密集场所或其他破坏后果严重部位，出现不止一个 d_u 级构件；d. 任何种类房屋中，有 50%以上的构件为 c_u 级。

④当上部承重结构按本条第 1 款评为 A_u 级或 B_u 级，而结构整体性等级为 C_u 级或 D_u 级时，应将所评的上部承重结构安全性等级降为 C_u 级。

⑤当上部承重结构在按本条规定做了调整后仍为 A_u 级或 B_u 级，但当发现被评为 C_u 级或

D_u级的一般构件集，已被设计成参与支撑系统或其他抗侧力系统工作，或已在抗震加固中，加强了其与主要构件集的锚固时，应将上部承重结构所评的安全性等级降为C_u级。

2.4.3 围护系统的承重部分

围护系统承重部分的安全性，应在该系统专设的和参与该系统工作的各种承重构件的安全性评级的基础上，根据该部分结构承载功能等级和结构整体性等级的评定结果进行确定。

（1）当评定一种构件集的安全性等级时，应根据每一受检构件的评定结果及其构件类别，按本书第 2.4.2 节第（4）条的规定评级。

（2）当评定围护系统的计算单元或代表层的安全性等级时，应按本书第 2.4.2 节第（4）条的规定评级。

（3）围护系统的结构承载功能的安全性等级，应按本书第 2.4.2 节第（4）条的规定确定。

（4）当评定围护系统承重部分的结构整体性时，应按本书第 2.4.2 节第（4）条的规定评级。

（5）围护系统承重部分的安全性等级，按下列规定确定：

①当仅有A_u级或B_u级时，可按占多数级别确定。

②当含有C_u级或D_u级时，可按下列规定评级：a. 当C_u级或D_u级属于结构承载功能问题时，可按最低等级确定；b. 当C_u级或D_u级属于结构整体性问题时，可定为C_u级。

③围护系统承重部分评定的安全性等级，不应高于上部承重结构的等级。

2.5 子单元使用性鉴定

民用建筑使用性的第二层次鉴定评级，应按地基基础、上部承重结构和围护系统划分为三个子单元。当仅要求对某个子单元的使用性进行鉴定时，该子单元与其他相邻子单元之间的交叉部位，也应进行检查。若发现存在使用性问题，应在鉴定报告中提出处理意见。当需按正常使用极限状态的要求对被鉴定结构进行验算时，其所采用的分析方法和基本数据，应符合相关标准的规定要求。

1）地基基础

地基基础的使用性，可根据其上部承重结构或围护系统的工作状态进行评定。当评定地基基础的使用等级时，应按下列规定评级：①当上部承重结构和围护系统的使用性检查未发现问题，或所发现问题与地基基础无关时，可根据实际情况定为A_s级或B_s级。②当上部承重结构和围护系统所发现的问题与地基基础有关时，可根据上部承重结构和围护系统所评的等级，取其中较低一级作为地基基础使用性等级。

2）上部承重结构

上部承重结构子单元的使用性鉴定评级，应根据其所含各种构件集的使用性等级和结构的侧向位移等级进行评定。当建筑物的使用要求对振动有限制时，还应评估振动（或颤动）的影响。

当评定一种构件集的使用性等级时，对单层房屋，以计算单元中每种构件集为评定对象；对多层和高层房屋，允许随机抽取若干层为代表层进行评定；代表层的选择应符合下列规定：①代表层的层数，应按$\sqrt{m}$确定；m为该鉴定单元的层数，若$\sqrt{m}$为非整数时，应多取一层；②随机抽取的$\sqrt{m}$层中，若未包括底层、顶层和转换层，应另增这些层为代表层。

在计算单元或代表层中，评定一种构件集的使用性等级时，应根据该层该种构件中每一受检构件的评定结果，按下列规定评级：A_s级该构件集内，不含C_s级构件，可含B_s级构件，但含量不多于 25%～35%；B_s级该构件集内，可含C_s级构件，但含量不多于 20%～25%；C_s级该构件集内，C_s级含量多于B_s级的规定数。每种构件集的评级，在确定各级百分比含量的限值时，对主要构件集取下限；对一般构件集取偏上限或上限，但应在检测前确定所采用的限值。各计算单元或代表层的使用性等级，应按相关标准规定进行确定。

上部结构使用功能的等级，应根据计算单元或代表层所评的等级，按下列规定进行确定：A_s级不含C_s级的计算单元或代表层；可含B_s级，但含量不宜多于 30%；B_s级可含C_s级的计算单元或代表层，但含量不多于 20%；C_s级在该计算单元或代表层中，C_s级含量多于B_s级的规定值。

当上部承重结构的使用性需考虑侧向（水平）位移的影响时，可采用检测或计算分析的方法进行鉴定，但应按下列规定进行评级：①对检测取得的主要是由综合因素（可含风和其他作用，以及施工偏差和地基不均匀沉降等，但不含地震作用）引起的侧向位移值，应按表 2.5-1 的规定评定。②对于每一测点的等级，应分别确定结构顶点和层间的位移等级；若对结构顶点，按各测点中占多数的等级确定；若对层间，按各测点最低的等级确定。根据以上两项评定结果，取其中较低等级作为上部承重结构侧向位移使用性等级。

当检测有困难时，允许在现场取得与结构有关参数的基础上，采用计算分析方法进行鉴定。若计算的侧向位移不超过表 2.5-1 中B_s级界限，可根据该上部承重结构的完好程度评为A_s级或B_s级。若计算的侧向位移值已超出表 2.5-1 中B_s级的界限，应定为C_s级。

结构侧向（水平）位移等级的评定　　表 2.5-1

检查项目	结构类别		位移限值		
			A_s级	B_s级	C_s级
钢筋混凝土结构或钢结构的侧向位移	多层框架	层间	$\leqslant H_i/500$	$\leqslant H_i/400$	$> H_i/400$
		结构顶点	$\leqslant H/600$	$\leqslant H/500$	$> H/500$
	高层框架	层间	$\leqslant H_i/600$	$\leqslant H_i/500$	$> H_i/500$
		结构顶点	$\leqslant H/700$	$\leqslant H/600$	$> H/600$
	框架-剪力墙框架-筒体	层间	$\leqslant H_i/800$	$\leqslant H_i/700$	$> H_i/700$
		结构顶点	$\leqslant H/900$	$\leqslant H/800$	$> H/800$
	筒中筒剪力墙	层间	$\leqslant H_i/950$	$\leqslant H_i/850$	$> H_i/850$
		结构顶点	$\leqslant H/1100$	$\leqslant H/900$	$> H/900$
砌体结构侧向位移	多层房屋（墙承重）	层间	$\leqslant H_i/550$	$\leqslant H_i/450$	$> H_i/450$
		结构顶点	$\leqslant H/650$	$\leqslant H/550$	$> H/550$
	多层房屋（柱承重）	层间	$\leqslant H_i/600$	$\leqslant H_i/500$	$> H_i/500$
		结构顶点	$\leqslant H/700$	$\leqslant H/600$	$> H/600$

注：1. 表中限值系对一般装修标准而言，若为高级装修应事先协商确定；
2. 表中H为结构顶点高度；H_i为第i层的层间高度；
3. 木结构建筑的侧向位移对建筑功能的影响问题，可根据当地使用经验进行评定。

上部承重结构的使用性等级，应按其使用功能和结构侧移所评等级，取其中较低等级作为其使用性等级。当考虑建筑物所受的振动作用是否会对人的生理，或对仪器设备的正常工作，或对结构的正常使用产生不利影响时，可按相关标准进行振动对上部结构影响的使用性鉴定。若评定结果不合格，可按下列原则对其进行适当修正：①当振动的影响仅涉及一种构件集时，可仅将该构件集所评等级降为C_s级。②当振动的影响涉及整个结构或多于一种构件集时，应将上部承重结构以及所涉及的各种构件集均降为C_s级。

当遇到下列情况之一时，可直接将该上部结构使用性等级定为C_s级。①在楼层中，其楼面振动（或颤动）已使室内精密仪器不能正常工作，或明显引起人体不适感。②在高层建筑的顶部几层，其风振效应已使用户感到不安。③振动引起的非结构构件或装饰层的开裂或其他损坏，亦可通过目测判定。

3）围护系统

围护系统（子单元）的使用性鉴定评级，应根据该系统的使用功能及其承重部分的使用性等级进行评定。当评定围护系统使用功能时，应按表 2.5-2 规定的检查项目及其评定标准逐项评级，并按下列原则确定围护系统的使用功能等级：①一般情况下，可取其中最低等级作为围护系统的使用功能等级。②当鉴定的房屋对表中各检查项目的要求有主次之分时，也可取主要项目中的最低等级作为围护系统使用功能等级。③当按上款主要项目所评的等级为A_s级或B_s级，但有多于一个次要项目为C_s级时，应将所评等级降为C_s级。

围护系统使用功能等级的评定 表 2.5-2

检查项目	A_s级	B_s级	C_s级
屋面防水	防水构造及排水设施完好，无老化、渗漏及排水不畅的迹象	构造、设施基本完好，或略有老化迹象，但尚不渗漏及积水	构造、设施不当或已损坏，或有渗漏，或积水
吊顶（顶棚）	构造合理，外观完好，建筑功能符合设计要求	构造稍有缺陷，或有轻微变形或裂纹，或建筑功能略低于设计要求	构造不当或已损坏，或建筑功能不符合设计要求，或出现有碍外观的下垂
非承重内墙（含隔墙）	构造合理，与主体结构有可靠联系，无可见变形，面层完好，建筑功能符合设计要求	略低于A_s级要求，但尚不显著影响其使用功能	已开裂、变形，或已破损，或使用功能不符合设计要求
外墙（自承重墙或填充墙）	墙体及其面层外观完好，无开裂、变形；墙脚无潮湿迹象；墙厚符合节能要求	略低于A_s级要求，但尚不显著影响其使用功能	不符合A_s级要求，且已显著影响其使用功能
门窗	外观完好，密封性符合设计要求，无剪切变形迹象，开闭或推动自如	略低于A_s级要求，但尚不显著影响其使用功能	门窗构件或其连接已损坏，或密封性差，或有剪切变形，已显著影响其使用功能
地下防水	完好，且防水功能符合设计要求	基本完好，局部可能有潮湿迹象，但尚不渗漏	有不同程度损坏或有渗漏
其他防护设施	完好，且防护功能符合设计要求	有轻微缺陷，但尚不显著影响其防护功能	有损坏，或防护功能不符合设计要求

当评定围护系统承重部分的使用性时，可按本节相关的内容评定其每种构件的等级，并取其中最低等级作为该系统承重部分使用性等级。围护系统的使用性等级，应根据其使用功能和承重部分使用性的评定结果，按较低的等级确定。对围护系统使用功能有特殊要求的建筑物，

除应按《民用建筑可靠性鉴定标准》GB 50292—2015 鉴定评级外，尚应按现行专门标准进行评定。若评定结果合格，可维持按《民用建筑可靠性鉴定标准》GB 50292—2015 所评等级不变；若不合格，应将按《民用建筑可靠性鉴定标准》GB 50292—2015 所评的等级降为C_s级。

2.6 鉴定单元安全性鉴定

民用建筑第三层次鉴定单元的安全性鉴定评级，应根据其地基基础、上部承重结构和围护系统承重部分等的安全性等级，以及与整幢建筑有关的其他安全问题进行评定。具体按下列规定评级：

（1）一般情况下，应根据地基基础和上部承重结构的评定结果按其中较低等级确定。

（2）当鉴定单元的安全性等级按上款评为A_u级或B_u级但围护系统承重部分的等级为C_u级或D_u级时，可根据实际情况将鉴定单元所评等级降低一级或二级，但最后所定的等级不得低于C_{su}级。

（3）对下列任一情况，可直接评为D_{su}级：①建筑物处于有危房的建筑群中，且直接受到其威胁。②建筑物朝一方向倾斜，且速度开始变快。

2.7 鉴定单元使用性鉴定

民用建筑鉴定单元的使用性鉴定评级，应根据地基基础、上部承重结构和围护系统承重部分的使用性等级，以及与整幢建筑有关的其他使用功能问题进行评定。鉴定单元的使用性等级，应按三个子单元中最低的等级确定。当鉴定单元的使用性等级评为A_{ss}级或B_{ss}级，但若遇到下列情况之一时，宜将所评等级降为C_{ss}级：①房屋内外装修已大部分老化或残损。②房屋管道、设备已需全部更新。

2.8 民用建筑可靠性鉴定

民用建筑的可靠性鉴定，应以其安全性和使用性的鉴定结果为依据逐层进行。当不要求给出可靠性等级时，民用建筑各层次的可靠性，宜采取直接列出其安全性等级和使用性等级的形式予以表示。当需要给出民用建筑各层次的可靠性等级时，应根据其安全性和正常使用性的评定结果，按下列规定确定：①当该层次安全性等级低于b_u级、B_u级或B_{su}级时，应按安全性等级确定。②除上款情形外，可按安全性等级和正常使用性等级中较低的一个等级确定。③当考虑鉴定对象的重要性或特殊性时，可对评定结果做不大于一级的调整。

2.9 鉴定案例分析

2.9.1 工程概况

某办公楼为二层钢筋混凝土框架结构，首层层高 4.2m，二层层高 3.6m，总建筑面积约为 1200m^2，始建于 2010 年。基础采用钢筋混凝土独立基础；两方向柱距分别为 4.0m 和 6.0m；楼面、屋面采用现浇钢筋混凝土板。

2.9.2 初步检测结果

（1）地基基础：未发现该建筑主体结构存在由于基础不均匀沉降引起的建筑物倾斜、变形等异常情况，抽查的该建筑地面与主体结构之间没有出现明显的相对位移，房屋地基基础稳定。

（2）该建筑自建成后投入使用至今，主体结构基本完好，平面布置均匀、竖向布置连续，传力途径合理、支撑系统合理，除二层框架梁 5 个构件出现明显裂缝（跨中竖向受力裂缝，宽度为 0.33～0.45mm）外，未发现混凝土结构构件存在因结构受力或变形引起的明显可见裂缝或损伤。该建筑侧向位移值均小于国家标准《民用建筑可靠性鉴定标准》GB 50292—2015 表 7.3.10 规定的结构不适于承载的侧向位移值要求。围护结构基本完好；防水构造及排水设施完好；门窗外观完好，密封性符合要求。

（3）抽检的框架柱、梁及楼板构件的截面尺寸和钢筋配置满足设计与规范要求。采用钻芯法抽检的混凝土构件抗压强度满足设计强度等级要求。

2.9.3 计算结果

在正常使用和维护的情况下，5 个二层框架梁构件（出现裂缝）的承载力与其作用效应之比为$R/(\gamma_0 S) < 0.9$，其余框架柱、梁及楼板构件的承载力与其作用效应之比为$R/(\gamma_0 S) > 1.0$。

2.9.4 安全性鉴定评级

1）构件安全性鉴定评级

综合承载能力、构造、不适于继续承载的位移（或变形）和裂缝（或其他损伤）四个项目的检查结果，框架柱、次梁和楼板构件均评定为a_u级。

5 个二层框架梁构件的承载力与其作用效应之比为$R/(\gamma_0 S) < 0.9$，按承载能力评定为d_u级；跨中竖向受力裂缝宽度为 0.33～0.45mm，小于 0.50mm，按裂缝评定为b_u级。综合承载能力、构造、不适于继续承载的位移（或变形）和裂缝（或其他损伤）四个项目的检查结果，评定这 5 个构件为d_u级。其余梁构件评定为a_u级。构件安全性等级评定结果见表 2.9-1～表 2.9-4。

框架柱的安全性等级评定 表 2.9-1

代表层	构件总数	各种安全性等级的柱构件数量及比例								各层柱安全性等级
		a_u级		b_u级		c_u级		d_u级		
		数量/根	比例	数量/根	比例	数量/根	比例	数量/根	比例	
首层	18	18	100%	0	0	0	0	0	0	A_u
二层	18	18	100%	0	0	0	0	0	0	A_u

框架梁的安全性等级评定 表 2.9-2

代表层	构件总数	各种安全性等级的梁构件数量及比例								各层梁安全性等级
		a_u级		b_u级		c_u级		d_u级		
		数量/根	比例	数量/根	比例	数量/根	比例	数量/根	比例	
首层	22	17	77.3%	0	0	0	0	5	22.7%	D_u
二层	22	22	100%	0	0	0	0	0	0	A_u

次梁的安全性等级评定　　表 2.9-3

代表层	构件总数	各种安全性等级的次梁构件数量及比例								各层次梁安全性等级
		a_u级		b_u级		c_u级		d_u级		
		数量/块	比例	数量/块	比例	数量/块	比例	数量/块	比例	
首层	32	32	100%	0	0	0	0	0	0	A_u
二层	32	32	100%	0	0	0	0	0	0	A_u

楼板的安全性等级评定　　表 2.9-4

代表层	构件总数	各种安全性等级的楼板构件数量及比例								各层板安全性等级
		a_u级		b_u级		c_u级		d_u级		
		数量/块	比例	数量/块	比例	数量/块	比例	数量/块	比例	
首层	44	44	100%	0	0	0	0	0	0	A_u
二层	44	44	100%	0	0	0	0	0	0	A_u

2）子单元鉴定评级

（1）房屋地基基础的安全性鉴定评级

依据国家标准《民用建筑可靠性鉴定标准》GB 50292—2015 第 7.2 节规定，地基基础评定为A_u级。

（2）上部承重结构的安全性鉴定评级

上部结构承载功能的安全性等级按照国家标准《民用建筑可靠性鉴定标准》GB 50292—2015 第 7.3.8 条的规定进行等级评定，各代表层的安全性等级评定结果及上部结构承载功能的安全性等级评定结果见表 2.9-5 和表 2.9-6。

各代表层的安全性等级评定　　表 2.9-5

代表层	构件集安全性等级评定				各代表层（或区）的安全性等级
	主要构件集		一般构件集		
	框架柱	框架梁	次梁	楼板	
首层	A_u	D_u	A_u	A_u	D_u
二层	A_u	A_u	A_u	A_u	A_u

上部结构承载功能的安全性等级评定　　表 2.9-6

A_u级		B_u级		C_u级		D_u级		上部结构承载功能的安全性等级
数量/层	比例	数量/层	比例	数量/层	比例	数量/层	比例	
1	50%	0	0	0	0	1	50%	D_u

（3）结构整体牢固性等级

结构布置合理形成完整的体系且结构选型及传力路线设计正确。锚固、拉结，连接方式正确、可靠，无松动变形或其他残损。结构整体牢固性等级评定为A_u级。

（4）结构侧向位移等级

上部承重结构侧向位移值均小于国家标准《民用建筑可靠性鉴定标准》GB 50292—2015 表 7.3.10 规定的结构不适于承载的侧向位移值要求。不适于承载的侧向位移等级评为A_u级。

上部承重结构子单元的安全性鉴定评级，应根据其结构承载功能等级、结构整体性等级以及结构侧向位移等级的评定结果按国家标准《民用建筑可靠性鉴定标准》GB 50292—2015 第 7.3.11 条规定进行确定。上部承重结构的安全性等级综合评定为D_u级。

（5）围护系统承重部分安全性等级

该建筑围护系统的承重部分结构构件承载力满足安全使用要求，围护系统的承重部分构造措施满足规范要求。根据国家标准《民用建筑可靠性鉴定标准》GB 50292—2015 第 7.4.6 条规定围护系统承重部分的安全性等级评为A_u级。

3）鉴定单元安全性评级

根据国家标准《民用建筑可靠性鉴定标准》GB 50292—2015 第 9.1.2 条规定该建筑安全性等级评定为D_{su}级，即：安全性严重不符合本标准对A_{su}级的规定，严重影响整体承载。

2.9.5 使用性鉴定评级

1）构件使用性鉴定评级

依据国家标准《民用建筑可靠性鉴定标准》GB 50292—2015 第 6.2 节的规定，按位移或变形、裂缝、缺陷和损伤四个检查项目的评定结果，框架柱、次梁和楼板构件均评定为a_s级。

5 个二层框架梁构件跨中竖向受力裂缝宽度为 0.33～0.45mm，大于 0.30mm，按裂缝评定为c_s级。综合承载能力、构造、不适于继续承载的位移（或变形）和裂缝（或其他损伤）四个项目的检查结果，这 5 个构件评定为c_s级。其余梁构件评定为a_s级。

综合四个项目的检查结果，对该建筑各代表层框架柱、梁和楼板的使用性等级进行评定，见表 2.9-7～表 2.9-10。

框架柱的使用性等级评定　　表 2.9-7

代表层	构件总数	各种使用性等级的框架柱构件数量及比例/根						
		a_s级		b_s级		c_s级		各层柱使用性等级
		数量	比例	数量	比例	数量	比例	
首层	18	18	100%	0	0	0	0	A_s
二层	18	18	100%	0	0	0	0	A_s

框架梁的使用性等级评定　　表 2.9-8

代表层	构件总数	各种使用性等级的框架梁构件数量及比例/根						
		a_s级		b_s级		c_s级		各层梁使用性等级
		数量	比例	数量	比例	数量	比例	
首层	22	17	77.3%	0	0	5	22.7%	B_s
二层	22	22	100%	0	0	0	0	A_s

次梁的使用性等级评定　　表 2.9-9

代表层	构件总数	各种使用性等级的次梁构件数量及比例/根						
		a_s级		b_s级		c_s级		各层次梁使用性等级
		数量	比例	数量	比例	数量	比例	
首层	32	32	100%	0	0	0	0	A_s
二层	32	32	100%	0	0	0	0	A_s

楼板的使用性等级评定　　表 2.9-10

代表层	构件总数	各种使用性等级的楼板构件数量及比例/根						
		a_s级		b_s级		c_s级		各层楼板使用性等级
		数量	比例	数量	比例	数量	比例	
首层	44	44	100%	0	0	0	0	A_s
二层	44	44	100%	0	0	0	0	A_s

2）子单元鉴定评级

（1）房屋地基基础的使用性鉴定评级

依据国家标准《民用建筑可靠性鉴定标准》GB 50292—2015 第 8.2 节的规定，地基基础使用性评定为A_s级。

（2）上部承重结构的使用性鉴定评级

上部承重结构的使用性等级按照国家标准《民用建筑可靠性鉴定标准》GB 50292—2015 第 8.3 节的规定进行等级评定，各代表层的使用性等级评定结果见表 2.9-11。

各代表层的使用性等级评定　　表 2.9-11

代表层	构件集使用性等级评定				
	框架柱	框架梁	次梁	楼板	各代表层（或区）的使用性等级
首层	A_s	B_s	A_s	A_s	B_s
二层	A_s	A_s	A_s	A_s	A_s

按照国家标准《民用建筑可靠性鉴定标准》GB 50292—2015 第 8.3.6 条的规定，该建筑顶点侧向位移值均小于国家标准《民用建筑可靠性鉴定标准》GB 50292—2015 表 8.3.6 规定的A_s的侧向位移限值要求。

按照国家标准《民用建筑可靠性鉴定标准》GB 50292—2015 第 8.3.7 条的规定，该建筑上部承重结构的使用性鉴定评级为A_s级。

（3）围护系统使用性鉴定等级

按照国家标准《民用建筑可靠性鉴定标准》GB 50292—2015 第 8.4 节的规定，该建筑围护系统使用性鉴定评级为A_s级（表 2.9-12）。

围护系统使用功能等级的评定　　表 2.9-12

检查项目	检查情况	等级评定
屋面防水	防水构造及排水设施完好，无老化、渗漏及排水不畅的迹象	A_s

续表

检查项目	检查情况	等级评定
非承重内墙	构造合理，与主体结构有可靠联系，无可见变形，面层完好，建筑功能符合设计要求	A_s
外墙	构造合理，与主体结构有可靠联系，无可见变形，面层完好，建筑功能符合设计要求	A_s
门窗	外观完好，密封性符合设计要求，无剪切变形迹象，开闭或推动自如	A_s
地下防水	完好，且防水功能符合设计要求	A_s
其他防护设施	完好，且防护功能符合设计要求	A_s

3）鉴定单元使用性评级

根据国家标准《民用建筑可靠性鉴定标准》GB 50292—2015 第 9.2 节的规定，该建筑使用性等级评定为B_{ss}级，即：使用性略低于本标准对A_{ss}级的规定，尚不显著影响整体使用功能。

2.9.6 可靠性鉴定评级

依据国家标准《民用建筑可靠性鉴定标准》GB 50292—2015 的相关规定，该建筑可靠性等级评定为Ⅳ级，即：可靠性极不符合本标准对Ⅰ级的规定，已严重影响安全，必须立即采取措施。

第3章

建筑抗震鉴定

3.1 基本规定

在下列情况下，现有建筑应进行抗震鉴定：

（1）接近或超过设计使用年限需要继续使用的建筑。

（2）原设计未考虑抗震设防或抗震设防要求提高的建筑。

（3）需要改变结构的用途和使用环境的建筑。

（4）其他有必要进行抗震鉴定的建筑。

现有建筑的抗震鉴定，应首先确定抗震设防烈度、抗震设防类别以及后续使用年限。

3.1.1 现有建筑的抗震设防烈度

抗震设防烈度是按国家规定权限批准作为一个地区抗震设防依据的地震烈度。而地震烈度是指地面及房屋等建筑物受地震破坏的程度，一般情况下取 50 年内超越概率 10%的地震烈度。

地震烈度不同于地震震级，地震震级是划分震源放出的能量大小的等级，是对地震作用大小的相对量度。释放能量越大，地震震级也越大。地震震级分为九级，震级每提高一级，通过地震被释放的能量大约增加 32 倍。

在进行抗震鉴定时，现有建筑的抗震设防烈度一般采用现行国家标准《建筑抗震设计标准》GB/T 50011 规定的抗震设防烈度，或采用中国地震动参数区划图的地震基本烈度。

3.1.2 现有建筑的抗震设防类别

现有建筑应按现行国家标准《建筑工程抗震设防分类标准》GB 50223 分为甲、乙、丙、丁四类，各类建筑的抗震措施核查和抗震验算的综合鉴定要求如下：

丁类（适度设防类）：7～9 度时，应允许按比本地区设防烈度降低一度的要求核查其抗震措施，抗震验算应允许比本地区设防烈度适当降低要求；6 度时应允许不做抗震鉴定。

丙类（标准设防类）：应按本地区设防烈度的要求核查其抗震措施并进行抗震验算。

乙类（重点设防类）：6～8 度应按比本地区设防烈度提高一度的要求核查其抗震措施，9 度时应适当提高要求；抗震验算应按不低于本地区设防烈度的要求采用。

甲类（特殊设防类）：应经专门研究按不低于乙类的要求核查其抗震措施，抗震验算应按高于本地区设防烈度的要求采用。

3.1.3 现有建筑的后续使用年限

现有建筑的抗震鉴定，应根据后续使用年限采用相应的鉴定方法。后续使用年限的选择，不应低于剩余设计使用年限。现有建筑应根据实际需要和可能，按下列规定选择其后续使用年限：

（1）在20世纪70年代及以前建造经耐久性鉴定可继续使用的现有建筑，其后续使用年限不应少于30年；在20世纪80年代建造的现有建筑，宜采用40年或更长，且不得少于30年。

（2）在20世纪90年代（按当时施行的抗震设计规范系列设计）建造的现有建筑，后续使用年限不宜少于40年，条件许可时应采用50年。

（3）在2001年以后（按当时施行的抗震设计规范系列设计）建造的现有建筑，后续使用年限宜采用50年。

后续使用年限为30年、40年、50年的建筑，分别简称为A类、B类、C类建筑。

3.1.4 抗震鉴定的主要内容和要求

现有建筑的抗震鉴定应包括下列内容及要求：

（1）搜集建筑的勘察报告、施工和竣工验收的相关原始资料；当资料不全时，应根据鉴定的需要进行补充实测。

（2）调查建筑现状与原始资料相符合的程度、施工质量和维护状况，发现相关的非抗震缺陷。

（3）根据各类建筑结构的特点、结构布置、构造和抗震承载力等因素，采用相应的逐级鉴定方法，进行综合抗震能力分析。

（4）对现有建筑整体抗震性能作出评价，对符合抗震鉴定要求的建筑应说明其后续使用年限，对不符合抗震鉴定要求的建筑提出相应的抗震减灾对策和处理意见。

3.1.5 抗震鉴定的分级鉴定流程

抗震鉴定分为两级。第一级鉴定应以宏观控制和构造鉴定为主进行综合评价，包括结构布置、材料强度、结构整体性、局部构造措施方面的鉴定，第二级鉴定应以抗震验算为主结合构造影响进行综合评价。

A类建筑的抗震鉴定，当符合第一级鉴定的各项要求时，建筑可评为满足抗震鉴定要求，不再进行第二级鉴定；当不符合第一级鉴定要求时，除《建筑抗震鉴定标准》GB 50023—2009各章有明确规定的情况外，应由第二级鉴定作出判断。

B类建筑的抗震鉴定，应检查其抗震措施和现有抗震承载力再作出判断。当抗震措施不满足鉴定要求而现有抗震承载力较高时，可通过构造影响系数进行综合抗震能力的评定；当抗震措施鉴定满足要求时，主要抗侧力构件的抗震承载力不低于规定的95%、次要抗侧力构件的抗震承载力不低于规定的90%，也可不要求进行加固处理。

C类建筑的抗震鉴定，应按照现行国家标准《建筑抗震设计标准》GB/T 50011的各项要求进行抗震鉴定，包括抗震措施鉴定和抗震承载力鉴定。

3.1.6 宏观控制和构造鉴定的基本内容及要求

现有建筑宏观控制和构造鉴定的基本内容及要求，应符合下列规定：

（1）当建筑的平立面、质量、刚度分布和墙体等抗侧力构件的布置在平面内明显不对称时，应进行地震扭转效应不利影响的分析；当结构竖向构件上下不连续或刚度沿高度分布突变时，应找出薄弱部位并按相应的要求鉴定。

（2）检查结构体系，应找出其破坏会导致整个体系丧失抗震能力或丧失对重力的承载能力的部件或构件；当房屋有错层或不同类型结构体系相连时，应提高其相应部位的抗震鉴定要求。

（3）检查结构材料实际达到的强度等级，当低于规定的最低要求时，应提出采取相应的抗震减灾对策。

（4）当结构构件的尺寸、截面形式等不利于抗震时，宜提高该构件的配筋等构造抗震鉴定要求。

（5）结构构件的连接构造应满足结构整体性的要求。

（6）非结构构件与主体结构的连接构造应满足不倒塌伤人的要求；位于出入口及人流通道等处，应有可靠的连接。

（7）当建筑场地位于不利地段时，尚应符合地基基础的有关鉴定要求。

（8）根据建筑所在场地、地基和基础等的有利和不利因素，可按《建筑抗震鉴定标准》GB 50023—2009 对现有建筑的抗震鉴定要求做适当调整。

3.2　场地、地基和基础鉴定

3.2.1　场地

6、7 度时及建造于对抗震有利地段的建筑，可不进行场地对建筑影响的抗震鉴定。

对建造于危险地段的现有建筑，应结合规划更新（迁离）；暂时不能更新的，应进行专门研究，并采取应急的安全措施。

7～9 度时，建筑场地为条状突出山嘴、高耸孤立山丘、非岩石和强风化岩石陡坡、河岸和边坡的边缘等不利地段，应对其地震稳定性、地基滑移及对建筑的可能危害进行评估；非岩石和强风化岩石陡坡的坡度及建筑场地与坡脚的高差均较大时，应估算局部地形导致其地震影响增大的后果。

建筑场地有液化侧向扩展且距常时水线 100m 范围内，应判明液化后土体流滑与开裂的危险。

3.2.2　地基和基础

1）适用情形和重点检查内容

符合下列情况之一的现有建筑，可不进行其地基基础的抗震鉴定：

（1）丁类建筑。

（2）地基主要受力层范围内不存在软弱土、饱和砂土和饱和粉土或严重不均匀土层的乙类、丙类建筑。

（3）6 度时的各类建筑。

（4）7 度时，地基基础现状无严重静载缺陷的乙类、丙类建筑。

地基基础现状的鉴定，应着重调查上部结构的不均匀沉降裂缝和倾斜，基础有无腐蚀、酥碱、松散和剥落，上部结构的裂缝、倾斜以及有无发展趋势。

对地基基础现状进行鉴定时，当基础无腐蚀、酥碱、松散和剥落，上部结构无不均匀沉降裂缝和倾斜，或虽有裂缝、倾斜但不严重且无发展趋势，该地基基础可评为无严重静载缺陷。

2）地基基础鉴定的分级鉴定

存在软弱土、饱和砂土和饱和粉土的地基基础，应根据烈度、场地类别、建筑现状和基础类型，进行液化、震陷及抗震承载力的两级鉴定。符合第一级鉴定的规定时，应评为地基符合抗震要求，不再进行第二级鉴定。静载下已出现严重缺陷的地基基础，应同时审核其静载下的承载力。

地基基础的第一级鉴定应符合下列要求：

（1）基础下主要受力层存在饱和砂土或饱和粉土时，对下列情况可不进行液化影响的判别：

①对液化沉陷不敏感的丙类建筑。

②符合现行国家标准《建筑抗震设计标准》GB/T 50011 液化初步判别要求的建筑。

（2）基础下主要受力层存在软弱土时，对下列情况可不进行建筑在地震作用下沉陷的估算：

①8、9 度时，地基土静承载力特征值分别大于 80kPa 和 100kPa。

②8 度时，基础底面以下的软弱土层厚度不大于 5m。

（3）采用桩基的建筑，对下列情况可不进行桩基的抗震验算：

①现行国家标准《建筑抗震设计标准》GB/T 50011 规定可不进行桩基抗震验算的建筑。

②位于斜坡但地震时土体稳定的建筑。

地基基础的第二级鉴定应符合下列要求：

（1）饱和土液化的第二级判别，应按现行国家标准《建筑抗震设计标准》GB/T 50011 的规定，采用标准贯入试验判别法。判别时，可计入地基附加应力对土体抗液化强度的影响。存在液化土时，应确定液化指数和液化等级，并提出相应的抗液化措施。

（2）软弱土地基及 8、9 度时Ⅲ、Ⅳ类场地上的高层建筑和高耸结构，应进行地基和基础的抗震承载力验算。

3）抗震承载力验算

现有天然地基的抗震承载力验算，应符合下列要求：

（1）天然地基的竖向承载力，可按现行国家标准《建筑抗震设计标准》GB/T 50011 规定的方法验算，其中，地基土静承载力特征值应改用长期压密地基土静承载力特征值。

（2）承受水平力为主的天然地基验算水平抗滑时，抗滑阻力可采用基础底面摩擦力和基础正侧面土的水平抗力之和；基础正侧面土的水平抗力，可取其被动土压力的 1/3；抗滑安全系数不宜小于 1.1；当刚性地坪的宽度不小于地坪孔口承压面宽度的 3 倍时，尚可利用刚性地坪的抗滑能力。

（3）桩基的抗震承载力验算，可按现行国家标准《建筑抗震设计标准》GB/T 50011 规定的方法进行。

3.3 钢筋混凝土房屋抗震鉴定

现有钢筋混凝土房屋的抗震鉴定，应按结构体系的合理性、结构构件材料的实际强度、结构构件的纵向钢筋和横向箍筋的配置和构件连接的可靠性、填充墙等与主体结构的拉结构造以及构件抗震承载力的综合分析，对整幢房屋的抗震能力进行鉴定。

A 类钢筋混凝土房屋应进行综合抗震能力两级鉴定。当符合第一级鉴定的各项规定时，除 9 度外应允许不进行抗震验算而评为满足抗震鉴定要求；不符合第一级鉴定要求和 9 度时，除有明确规定的情况外，应在第二级鉴定中采用屈服强度系数和综合抗震能力指数的方法作出判断。

B 类钢筋混凝土房屋应根据所属的抗震等级进行结构布置和构造检查，并应通过内力调整进行抗震承载力验算；或按照 A 类钢筋混凝土房屋计入构造影响对综合抗震能力进行评定。

3.3.1 A 类钢筋混凝土房屋

1）第一级鉴定

以 7 度抗震设防区现浇钢筋混凝土框架结构为例，现有 A 类钢筋混凝土房屋按表 3.3-1 进行第一级鉴定。

A 类钢筋混凝土房屋第一级鉴定　　表 3.3-1

鉴定内容	国家标准《建筑抗震鉴定标准》GB 50023—2009 的抗震要求
房屋层数	层数 ≤ 10 层
房屋外观和内在质量	梁、柱及其节点的混凝土不开裂或仅有微小开裂，基本没有剥落，钢筋基本无露筋、锈蚀 填充墙基本没有开裂、没有与框架脱开 主体结构无明显变形、倾斜或歪扭
结构体系	框架结构宜为双向框架 框架结构不宜为单跨框架（乙类设防时，不应为单跨框架） 框架柱的截面宽度 ≥ 300mm
材料强度	梁、柱、墙实际达到的混凝土强度等级不应低于 C13
框架梁、柱构造配筋要求	柱纵向钢筋的最小总配筋率（%）： 中柱和边柱：0.5； 角柱和框支柱：0.7； 且纵筋直径不宜 < 12mm，间距不宜 > 300mm
	梁纵向钢筋的最小配筋率：0.2%和 $45f_t/f_y$ 中的较大值
	丙类设防时： 柱的箍筋直径 ≥ 6mm 和 1/4 纵筋直径； 柱的箍筋间距 ≤ 400mm、截面 b 和 15 倍纵筋直径； 柱端加密区箍筋直径 ≥ 6mm、间距 ≤ 200mm（7 度Ⅲ及Ⅳ类场地时）。 乙类设防时，柱端加密区的箍筋宜满足： 直径 ≥ 8mm、间距 ≤ 150mm 及 8 倍纵筋直径［7 度（0.10g）、7 度（0.15g）Ⅰ及Ⅱ类场地时］； 直径 ≥ 8mm、间距 ≤ 100mm 及 8 倍纵筋直径［7 度（0.15g）Ⅲ及Ⅳ类场地时］
	梁的箍筋直径 ≥ 6mm 及 1/4 纵筋直径。 梁的箍筋间距 ≤ 200mm（300mm < h ≤ 500mm 时）；≤ 250mm（500mm < h ≤ 800mm 时）

续表

鉴定内容	国家标准《建筑抗震鉴定标准》GB 50023—2009 的抗震要求
墙体与主体结构的连接	填充墙与柱之间沿柱高应设拉筋 2ϕ6@600mm，伸入墙内足够长度
易局部倒塌的部件	女儿墙、出屋面烟囱、挑檐、雨罩、楼梯间墙体、阳台等易发生局部倒塌部件应结构完整、稳定性足够

钢筋混凝土房屋满足第一级鉴定的各项抗震要求时，可评定为综合抗震能力满足抗震鉴定要求；钢筋混凝土不能满足第一级鉴定的抗震要求时，应进行第二级鉴定；但遇下列情况之一时，可不再进行第二级鉴定而直接评定为综合抗震能力不满足抗震鉴定要求，且要求对房屋进行加固或采取其他应对措施：

（1）梁柱节点构造不符合要求的框架及乙类的单跨框架结构。

（2）有承重砌体结构与框架相连且承重砌体结构不符合要求。

（3）第一级鉴定中有多项内容明显不符合抗震要求。

2）第二级鉴定

第二级鉴定可采用楼层综合抗震能力指数或抗震承载力验算的方法，并视第一级鉴定时不符合抗震要求的程度采用不同的体系影响系数，视第一级鉴定时局部连接构造不符合抗震要求的情况采用不同的局部影响系数。

楼层综合抗震能力指数应按房屋的纵横两个方向分别计算；抗震承载力验算时取地震作用分项系数为 1.0，承载力抗震调整系数取现行国家标准《建筑抗震设计标准》GB/T 50011 规定值的 0.85 倍。

如果楼层综合抗震能力指数 ≥ 1.0，或抗震承载力满足要求，应评定为满足抗震鉴定要求；否则评定为不满足抗震鉴定要求，应对房屋进行加固或采取其他应对措施。

3.3.2 B 类钢筋混凝土房屋

1）抗震措施鉴定

现有 B 类钢筋混凝土房屋的抗震鉴定，应按表 3.3-2 确定鉴定时所采用的抗震等级，并按其所属抗震等级的要求核查抗震构造措施。

钢筋混凝土结构的抗震等级　　表 3.3-2

<table>
<tr><th colspan="2" rowspan="2">结构类型</th><th colspan="9">烈度</th></tr>
<tr><th colspan="2">6 度</th><th colspan="2">7 度</th><th colspan="3">8 度</th><th colspan="2">9 度</th></tr>
<tr><td rowspan="2">框架结构</td><td>房屋高度/m</td><td>≤ 25</td><td>> 25</td><td>≤ 35</td><td>> 35</td><td>≤ 35</td><td colspan="2">> 35</td><td colspan="2">≤ 25</td></tr>
<tr><td>框架</td><td>四</td><td>三</td><td>三</td><td>二</td><td>二</td><td colspan="2">一</td><td colspan="2">一</td></tr>
<tr><td rowspan="3">框架-抗震墙结构</td><td>房屋高度/m</td><td>≤ 50</td><td>> 50</td><td>≤ 60</td><td>> 60</td><td>< 50</td><td>50～80</td><td>> 80</td><td>≤ 25</td><td>> 25</td></tr>
<tr><td>框架</td><td>四</td><td>三</td><td>三</td><td>二</td><td>三</td><td>二</td><td>一</td><td>二</td><td>一</td></tr>
<tr><td>抗震墙</td><td colspan="2">三</td><td colspan="2">二</td><td>二</td><td colspan="2">一</td><td colspan="2">一</td></tr>
<tr><td rowspan="2">抗震墙结构</td><td>房屋高度/m</td><td>≤ 60</td><td>> 80</td><td>≤ 80</td><td>> 80</td><td>< 35</td><td>35～80</td><td>> 80</td><td>≤ 25</td><td>> 25</td></tr>
<tr><td>一般抗震墙</td><td>四</td><td>三</td><td>三</td><td>二</td><td>三</td><td>二</td><td>一</td><td>二</td><td>一</td></tr>
</table>

续表

结构类型		烈度							
		6 度		7 度		8 度			9 度
抗震墙结构	有框支层的落地抗震墙底部加强部位	三	二	二		二	一	不宜采用	不应采用
	框支层框架	三	二	二	一	二	一		

注：乙类设防时，抗震等级应提高一度查表。

以 7 度抗震设防区现浇钢筋混凝土框架结构为例，现有 B 类钢筋混凝土房屋按表 3.3-3 进行抗震措施鉴定。

B 类钢筋混凝土房屋抗震措施鉴定　　表 3.3-3

鉴定内容	国家标准《建筑抗震鉴定标准》GB 50023—2009 的抗震要求
房屋高度	高度 ≤ 55m，对不规则结构，应适当降低高度
房屋外观和内在质量	梁、柱及其节点的混凝土不开裂或仅有微小开裂，基本没有剥落，钢筋基本无露筋、锈蚀； 填充墙基本没有开裂、没有与框架脱开； 主体结构无明显变形、倾斜或歪扭
结构体系	框架结构应为双向框架，框架梁与柱的中线宜重合； 框架结构不宜为单跨框架（乙类设防时，不应为单跨框架）
	柱的截面宽度 ≥ 300mm； 柱的净高与截面高度之比 ≥ 4； 梁的截面宽度 ≥ 200mm； 梁的截面高宽比 ≤ 4； 梁的净跨与截面高度之比 ≥ 4
轴压比限值	框架柱的轴压比不宜超过：0.7、0.8、0.9（对应抗震等级一、二、三级）； 柱的净高与截面高度之比小于 4 的柱、Ⅳ类场地土上较高高层的柱轴压比应适当减小
材料强度	梁、柱实际达到的混凝土强度等级不应低于 C20；C30（抗震等级一级时）
框架梁、柱构造配筋要求（乙类设防时应提高一度确定抗震等级）	柱纵向钢筋最小总配筋率（%）： 中柱和边柱：0.8、0.7、0.6（对应抗震等级 、二、二级）； 角柱和框支柱：1.0、0.9、0.8（对应抗震等级一、二、三级）； 对于Ⅳ类场地土上较高高层的柱，以上数值应增加 0.1
	梁端截面顶面、底面的通长钢筋应不小于：2ϕ14（抗震等级一、二级）； 2ϕ12（抗震等级三、四级）
	柱端加密区的箍筋不宜小于： ϕ8@150mm 及 8 倍纵筋直径（抗震等级三级）； ϕ8@100mm 或ϕ10@100mm 及 8 倍纵筋直径（抗震等级二级）； ϕ10@100mm 及 6 倍纵筋直径（抗震等级一级）； 柱端加密区的箍筋肢距不宜大于：200mm（抗震等级一级）；250mm（抗震等级二级）；300mm（抗震等级三、四级），且每隔一根纵向钢筋宜在两个方向有箍筋约束； 三级框架柱截面不大于 400mm 时箍筋直径允许为 6mm； 柱端加密区箍筋宜满足最小体积配箍率要求
	梁端加密区的箍筋不宜小于： ϕ8@150mm、8 倍纵筋直径、1/4h_b（抗震等级三级）； ϕ8@100mm、8 倍纵筋直径、1/4h_b（抗震等级二级）； ϕ10@100mm、6 倍纵筋直径、1/4h_b（抗震等级一级）； 梁端加密区的箍筋肢距不宜大于：200mm（抗震等级一、二级）；250mm（抗震等级三、四级）

续表

鉴定内容	国家标准《建筑抗震鉴定标准》GB 50023—2009 的抗震要求
墙体与主体结构的连接	填充墙在平面和竖向的布置宜均匀对称； 填充墙与柱之间沿柱高应设拉筋 2ϕ6@500mm，伸入墙内足够长度
易局部倒塌的部件	女儿墙、出屋面烟囱、挑檐、雨罩、楼梯间墙体、阳台等易发生局部倒塌部件应结构完整、稳定性足够

2）抗震承载力验算

除非在抗震措施鉴定阶段已经被鉴定为不满足抗震鉴定要求，否则无论各项抗震措施是否满足要求，B 类钢筋混凝土房屋均应进行抗震承载力验算（第二级鉴定），乙类框架结构尚应进行变形验算。

进行抗震承载力验算时，应视第一级鉴定时不符合抗震要求的程度采用不同的体系影响系数，视第一级鉴定时局部连接构造不符合抗震要求的情况采用不同的局部影响系数。

如果抗震承载力验算满足要求，应评定为满足抗震鉴定要求；否则应评定为不满足抗震鉴定要求，对房屋应进行加固或采取其他应对措施。

3.3.3 C 类钢筋混凝土房屋

C 类钢筋混凝土房屋应根据设防类别、烈度、结构类型和房屋高度采用不同的抗震等级，按现行国家标准《建筑抗震设计标准》GB/T 50011 的相关规定进行抗震措施鉴定和抗震承载力验算。

3.4 多层砌体房屋抗震鉴定

本节多层砌体房屋是指烧结普通黏土砖、烧结多孔黏土砖、混凝土中型空心砌块、混凝土小型空心砌块、粉煤灰中型实心砌块砌体承重的多层房屋。对于单层砌体房屋，当横墙间距不超过三开间时，可按多层砌体房屋规定的原则进行抗震鉴定。

现有多层砌体房屋抗震鉴定时，房屋的高度和层数、抗震墙的厚度和间距、墙体实际达到的砂浆强度等级和砌筑质量、墙体交接处的连接以及女儿墙、楼梯间和出屋面烟囱等易引起倒塌伤人的部位应重点检查。当砌体房屋的层数超过规定限值时，应评定房屋不满足抗震鉴定要求。

3.4.1 A 类砌体房屋

A 类砌体房屋应进行综合抗震能力的两级鉴定。在第一级鉴定中，墙体的抗震承载力应依据纵、横墙间距进行简化验算，当符合第一级鉴定的各项规定时，应评为满足抗震鉴定要求；不符合第一级鉴定要求时，除有明确规定的情况外，应在第二级鉴定中采用综合抗震能力指数的方法，计入构造影响作出判断。

1）第一级鉴定

以 7 度抗震设防区、普通砖实心墙、现浇或装配整体式混凝土楼屋盖的砌体房屋为例，现有 A 类砌体房屋按表 3.4-1 进行第一级鉴定。

A 类砌体房屋第一级鉴定　　　　表 3.4-1

鉴定内容	国家标准《建筑抗震鉴定标准》GB 50023—2009 的抗震要求		
房屋层数和高度	墙体厚度 ⩾ 240mm 时	层数 ⩽ 7 层 高度 ⩽ 22m	对于横向抗震墙较少的房屋，层数减少 1 层，高度减少 3m，如果横墙很少，应再减少 1 层
	墙体厚度 = 180mm 时	层数 ⩽ 5 层 高度 ⩽ 16m	
	乙类设防时墙体厚度不应为 180mm		
结构体系	抗震横墙间距	墙体厚度 ⩾ 240mm 时，间距 ⩽ 15m	对于Ⅳ类场地，最大间距应减少 3m
		墙体厚度 = 180mm 时，间距 ⩽ 13m	
	房屋的高度与宽度之比：宜 ⩽ 2.2，且高度不大于底层平面的最大尺寸		
	质量和刚度沿高度分布比较规则均匀，立面高度变化不超过一层，同一楼层的楼板标高相差不大于 500mm		
	楼层质心和计算刚心基本重合或接近		
	跨度不小于 6m 的大梁，不宜由独立砖柱支承；乙类设防时，不应由独立砖柱支承		
	教学楼、医疗用房等横墙较少、跨度较大的房间，宜为现浇或装配整体式楼、屋盖		
材料实际强度等级	普通砖的强度等级不宜低于 MU7.5，且不低于砂浆强度等级； 砌筑砂浆强度等级不宜低于 M1		
整体性连接构造	墙体布置在平面内应闭合，纵横墙交接处应可靠连接，烟道、风道等不应削弱墙体		
	乙类设防时的构造柱设置要求： 应在外墙四角、错层部位横墙与外纵墙交接处、较大洞口两侧、大房间内外墙交接处设置构造柱； 应在楼梯间、电梯间四角设置构造柱； 7 度区五、六层房屋和 8 度区四层房屋：应在隔开间横墙与外墙交接处、山墙与内墙交接处设置构造柱； 8 度区五层房屋：应在内、外墙交接处、局部小墙垛处设置构造柱		
	纵横墙交接处应咬槎较好，应为马牙槎砌筑，或设置构造柱时，沿墙高 10 皮砖或 500mm 应有 $2\phi6$ 拉结钢筋		
	楼盖、屋盖的连接要求： 楼盖、屋盖构件的最小支承长度：预制进深梁 180mm（墙上且需有梁垫）；混凝土预制板 100mm（墙上）、80mm（梁上）； 混凝土预制构件应有坐浆，预制板缝应有混凝土填实		
易局部倒塌的部件	女儿墙、出屋面烟囱、挑檐、雨罩、楼梯间墙体、阳台等易发生局部倒塌部件应结构完整、稳定性足够，墙体局部尺寸满足相关限值要求、连接支承牢固等		
房屋宽度与横墙间距	满足本表以上各项抗震要求后，尚需根据抗震设防烈度、砌筑砂浆实际强度等级，检查房屋实际的横墙间距与房屋宽度是否满足限值要求（限值详见国家标准《建筑抗震鉴定标准》GB 50023—2009 表 5.2.9-1），如果满足限值要求，则认为满足墙体承载力验算要求、房屋建筑满足抗震鉴定要求		

A 类砌体房屋不能满足第一级鉴定的抗震要求时，应进行第二级鉴定；但遇下列情况之一时，可不再进行第二级鉴定而直接评定为综合抗震能力不满足抗震鉴定要求，且要求对房屋进行加固或采取其他应对措施：

（1）房屋高宽比大于 3，或横墙间距超过刚性体系最大限值 4m。

（2）纵横墙交接处连接不符合要求，或预制构件的支承长度少于规定值的 75%。

（3）第一级鉴定中有多项内容明显不符合抗震要求。

2）第二级鉴定

第二级鉴定采用综合抗震能力指数的方法，视第一级鉴定时不符合抗震要求的具体情况分别采用不同的综合抗震能力指数：

（1）当横墙间距和房屋宽度中有一项或两项不满足限值要求时，可采用抗震能力指数进行第二级鉴定，其数值与 1/2 层高处抗震墙净截面总面积与建筑平面面积之比、抗震墙基准面积率及抗震设防烈度影响系数相关。

（2）当现有结构体系、整体性连接构造、易局部倒塌的部件不满足要求时，可采用楼层综合抗震能力指数进行第二级鉴定，其数值与楼层平均抗震能力指数、体系影响系数、局部影响系数相关。体系影响系数根据现有结构体系及整体性连接构造不符合第一级鉴定的程度、砂浆实际强度等级、构造柱或芯柱的设置情况取值，局部影响系数根据易局部倒塌部件的不满足要求程度取值，具体取值详见国家标准《建筑抗震鉴定标准》GB 50023—2009 的规定。

（3）对横墙间距超过限值、有明显扭转效应和易局部倒塌的部件不满足要求的房屋，当最弱的楼层综合抗震能力指数小于 1.0 时，可采用墙段综合抗震能力指数进行第一级鉴定，其数值与墙段净截面面积、抗震墙基准面积率、抗震设防烈度影响系数、体系影响系数、局部影响系数相关。

上述综合抗震能力指数应按房屋的纵横两个方向分别计算，如果最弱楼层的综合抗震能力指数 ≥ 1.0，应评定为满足抗震鉴定要求；否则评定为不满足抗震鉴定要求，对房屋应进行加固或采取其他应对措施。

如果房屋的质量和刚度沿高度分布明显不均匀，或 7、8、9 度时房屋层数分别超过六、五、三层，可采用验算抗震承载力的方法进行第二级鉴定（详见下一节 B 类砌体房屋的抗震承载力验算部分）。

3.4.2 B 类砌体房屋

B 类砌体房屋，在整体性连接构造的检查中尚应包括构造柱的设置情况，墙体的抗震承载力应采用现行国家标准《建筑抗震设计标准》GB/T 50011 的底部剪力法等方法进行验算，或按照 A 类砌体房屋计入构造影响进行综合抗震能力的评定。

1）抗震措施鉴定

以 7 度抗震设防区、普通砖实心墙、现浇或装配整体式混凝土楼屋盖的砌体房屋为例，现有 B 类砌体房屋按表 3.4-2 进行抗震措施鉴定。

B 类砌体房屋抗震措施鉴定 表 3.4-2

鉴定内容	国家标准《建筑抗震鉴定标准》GB 50023—2009 的抗震要求	
房屋层数和高度	要求墙体厚度 ≥ 240mm，普通砖的层高宜 ≤ 4m，层数 ≤ 7 层，高度 ≤ 21m	对于横向抗震墙较少的房屋，层数减少 1 层，高度减少 3m，如果横墙很少，应再减少 1 层
结构体系	房屋的高度与宽度之比宜 ≤ 2.5	
	抗震横墙间距 ≤ 18m； 纵横墙的布置宜均匀对称，沿平面内宜对齐，沿竖向应上下连续，同一轴线上的窗间墙宽度宜均匀	
	房屋的尽端和转角处不宜有楼梯间	
	跨度不小于 6m 的大梁，不宜由独立砖柱支承；乙类设防时，不应由独立砖柱支承	
	教学楼、医疗用房等横墙较少、跨度较大的房间，宜为现浇或装配整体式楼、屋盖	

续表

鉴定内容	国家标准《建筑抗震鉴定标准》GB 50023—2009 的抗震要求
材料实际强度等级	普通砖的强度等级不应低于 MU7.5，砌筑砂浆强度等级不应低于 M2.5； 构造柱、圈梁的混凝土强度等级不宜低于 C15
整体性连接构造	墙体布置要求：墙体布置在平面内应闭合，纵横墙交接处应咬槎砌筑，烟道、风道、垃圾道等不应削弱墙体，当墙体被削弱时，应对墙体采取加强措施
	砖砌体房屋构造柱设置要求： 应在外墙四角、错层部位横墙与外纵墙交接处、较大洞口两侧、大房间内外墙交接处设置构造柱； 应在楼梯间、电梯间四角设置构造柱； 五、六层房屋：应在隔开间横墙与外墙交接处、山墙与内墙交接处设置构造柱； 七层房屋：应在内、外墙交接处，局部小墙垛处设置构造柱； 构造柱截面应 $\geqslant$ 240mm × 180mm，纵向钢筋宜为 4ϕ12，筋间距宜 $\leqslant$ 250mm，且宜在柱端适当加密。当超过六层时，纵向钢筋宜为 4ϕ14，箍筋间距宜为 200mm； 构造柱与墙连接处宜砌成马牙槎，并沿墙高每隔 500mm 有 2ϕ6 拉结钢筋，每边伸入墙内不宜小于 1m； 构造柱应伸入室外地下不少于 500mm，或锚入基础梁内
	楼盖、屋盖的连接要求： 楼盖、屋盖的梁、屋架应与墙、构造柱、圈梁可靠连接。楼板、屋面板应与构造柱钢筋可靠连接； 各层独立砖柱顶部应在两个方向均有可靠连接； 现浇混凝土楼板、屋面板的最小支承长度：120mm（伸进外墙或不小于 240mm 厚的内墙）；90mm（伸进 190mm 厚的内墙）
易局部倒塌的部件	后砌的非承重墙应与承重墙或柱之间设置拉结钢筋 2ϕ6@500mm； 预制挑檐、阳台应有可靠锚固和连接，附墙烟囱及出屋面烟囱应有竖向配筋； 门窗洞口不应为无筋砖过梁，过梁支承长度应 $\geqslant$ 240mm； 凸出屋面的楼梯间、电梯间，构造柱应伸到顶部，并与顶部圈梁连接，内外墙交接处应沿墙高每隔 500mm 有 2ϕ6 拉结钢筋，每边伸入墙内不宜小于 1m； 墙体局部尺寸应满足相关限值要求

2）抗震承载力验算

除非在抗震措施鉴定阶段已经被鉴定为不满足抗震鉴定要求，否则无论各项抗震措施是否满足要求，B 类砌体房屋均应进行第二级鉴定。

当抗震措施鉴定满足要求时，第二级鉴定可采用底部剪力法进行抗震承载力验算，验算方法按现行国家标准《建筑抗震设计标准》GB/T 50011 的规定进行，并且可以只选择从属面积较大或竖向应力较小的墙段进行抗震承载力验算。

当抗震措施鉴定不满足要求时，第二级鉴定同样可采用底部剪力法进行抗震承载力验算，但应视抗震措施鉴定时不符合抗震要求的具体情况分别采用不同的体系影响系数和局部影响系数，以考虑抗震措施对综合抗震能力的整体影响和局部影响。

体系影响系数和局部影响系数的具体取值详见现行国家标准《建筑抗震鉴定标准》GB 50023 的规定。其中，当构造柱的设置不满足要求时，体系影响系数应根据不满足程度乘以 0.8～0.95 的系数。

3.4.3　C 类砌体房屋

C 类砌体房屋应按现行国家标准《建筑抗震设计标准》GB/T 50011 的相关规定进行抗震措施鉴定和抗震承载力验算。

3.5 案例分析

某珠海多层砌体房屋建于20世纪90年代，建筑用途为企业职工宿舍，地上3层，层高3.2m，建筑平面形状基本为长方形，平面长约为45m，宽约为16m，开间主要跨度为4m，进深主要跨度为6.1m、5.8m。承重墙的尺寸推定值为120mm、180mm、240mm等，楼板厚度推定值为110mm。抽检的墙体砌筑砂浆抗压强度推定值均小于2.0MPa，砖抗压强度推定等级均为MU15。抽检构造柱的混凝土抗压强度值为15.1～24.0MPa，抽检圈梁的混凝土抗压强度值为16.5～28.1MPa。

按照《建筑抗震鉴定标准》GB 50023—2009的规定，该建筑后续使用年限不应少于40年，应将其划分为B类建筑。根据《建筑工程抗震设防分类标准》GB 50223—2008的规定，该建筑的抗震设防类别划为标准设防类（丙类），其抗震构造措施应按本地区设防烈度的要求进行核查，抗震验算应按不低于本地区设防烈度的要求采用。珠海市抗震设防烈度为7度，因此，本房屋的结构布置与构造鉴定按7度的要求进行核查。房屋抗震措施鉴定结果见表3.5-1。

房屋抗震措施鉴定结果　　表3.5-1

鉴定内容	《建筑抗震鉴定标准》GB 50023—2009的抗震要求	鉴定结果
房屋层数和高度	要求墙体厚度≥240mm，普通砖的层高宜≤4m； 层数≤7层，高度≤21m	墙厚不符合要求
结构体系	房屋的高度与宽度之比宜≤2.5	符合要求
	抗震横墙间距≤18m； 纵横墙的布置宜均匀对称，沿平面内宜对齐，沿竖向应上下连续，同一轴线上的窗间墙宽度宜均匀	符合要求
	房屋的尽端和转角处不宜有楼梯间	不符合要求，房屋二层、三层的尽端有楼梯间
	跨度不小于6m的大梁，不宜由独立砖柱支承	符合要求
材料实际强度等级	普通砖的强度等级不应低于MU7.5，砌筑砂浆强度等级不应低于M2.5； 构造柱、圈梁的混凝土强度等级不宜低于C15	砂浆强度不符合要求
整体性连接构造	墙体布置要求：墙体布置在平面内应闭合，纵横墙交接处应咬槎砌筑，烟道、风道、垃圾道等不应削弱墙体，当墙体被削弱时，应对墙体采取加强措施	符合要求
	砖砌体房屋构造柱设置要求： 应在外墙四角、错层部位横墙与外纵墙交接处、较大洞口两侧、大房间内外墙交接处设置构造柱； 应在楼梯间、电梯间四角设置构造柱； 构造柱截面应≥240mm×180mm，纵向钢筋宜为4ϕ12，箍筋间距宜≤250mm，且宜在柱端适当加密。当超过六层时，纵向钢筋宜为4ϕ14，箍筋间距宜为200mm； 构造柱与墙连接处宜砌成马牙槎，并沿墙高每隔500mm有2ϕ6拉结钢筋，每边伸入墙内不宜小于1m； 构造柱应伸入室外地下不少于500mm，或锚入基础梁内	符合要求

续表

鉴定内容	《建筑抗震鉴定标准》GB 50023—2009 的抗震要求	鉴定结果
整体性连接构造	楼盖、屋盖的连接要求： 楼盖、屋盖的梁、屋架应与墙、构造柱、圈梁可靠连接。楼板、屋面板应与构造柱钢筋可靠连接； 各层独立砖柱顶部应在两个方向均有可靠连接； 现浇混凝土楼板、屋面板的最小支承长度：120mm（伸进外墙或不小于 240mm 厚的内墙）；90mm（伸进 190mm 厚的内墙）	符合要求
易局部倒塌的部件	后砌的非承重墙应与承重墙或柱之间设置拉结钢筋 2ϕ6@500mm； 预制挑檐、阳台应有可靠锚固和连接，附墙烟囱及出屋面烟囱应有竖向配筋； 门窗洞口不应为无筋砖过梁，过梁支承长度应 ≥ 240mm； 凸出屋面的楼梯间、电梯间，构造柱应伸到顶部，并与顶部圈梁连接，内外墙交接处应沿墙高每隔 500mm 有 2ϕ6 拉结钢筋，每边伸入墙内不宜小于 1m； 墙体局部尺寸应满足相关限值要求	符合要求

该建筑抗震措施鉴定结果表明，最小墙厚、砌筑砂浆强度、楼梯间位置不满足标准要求。根据抗震措施鉴定结果调整体系影响系数、局部影响系数，按照 A 类砌体房屋计入构造影响进行综合抗震能力的评定。楼层综合抗震能力指数见表 3.5-2，房屋的首层、二层、三层综合抗震能力指数均小于 1。依据《建筑抗震鉴定标准》GB 50023—2009，建筑物综合抗震能力不满足抗震鉴定要求。

楼层综合抗震能力指数 表 3.5-2

层数	方向	A_i	A_{bi}	ξ_{0i}	λ	β_i	Ψ_1	Ψ_2	β_{ci}	结果
首层	纵	19.80	519.14	0.0443	1.00	0.86	1.00	1.00	0.86	不满足
	横	28.15	519.14	0.0476	1.00	1.14	1.00	1.00	1.14	满足
二层	纵	12.27	390.02	0.0431	1.00	0.73	1.00	0.80	0.59	不满足
	横	20.42	390.02	0.0440	1.00	1.19	1.00	0.80	0.96	不满足
三层	纵	10.41	347.29	0.0370	1.00	0.81	0.90	0.80	0.58	不满足
	横	20.00	347.29	0.0374	1.00	1.54	0.90	0.80	1.11	满足

主要参数	参数说明
A_i	第i层纵向或横向抗震墙在层高 1/2 处净截面面积的总面积，其中不包括高宽比大于 4 的墙段截面面积
A_{bi}	第i楼层建筑平面面积
ξ_{0i}	第i楼层纵向或横向抗震墙的基准面积率，按《建筑抗震鉴定标准》GB 50023—2009 附录 B 采用
λ	烈度影响系数：7 度设计基本加速度为 0.10g时，按 1.0 采用
β_i	楼层平均抗震能力指数$\beta_i = A_i/(A_{bi} \times \xi_{0i} \times \lambda)$
Ψ_1	体系影响系数，根据房屋不规则性、非刚性和整体性连接不符合第一级鉴定要求的程度，经综合分析后确定；也可以按《建筑抗震鉴定标准》GB 50023—2009 表 5.2.14-1 各项系数的乘积确定。三层的砂浆强度取值 0.4MPa，三层的Ψ_1取值 0.9

续表

主要参数	参数说明
Ψ_2	局部影响系数，可根据易引起局部倒塌各部位不符合第一级鉴定要求的程度，经综合分析确定；也可以按《建筑抗震鉴定标准》GB 50023—2009 表 5.2.14-2 各项系数中的最小值确定，单项不符合的程度超过表内规定时，直接判定为不符合二级鉴定要求。房屋二层、三层的尽端有楼梯间，二层、三层的Ψ_2取值 0.8
β_{ci}	楼层综合抗震能力指数$\beta_{ci} = \Psi_1 \times \Psi_2 \times \beta_i$

第 4 章

危险房屋鉴定

4.1 鉴定程序及方法

房屋危险性鉴定应根据委托要求确定鉴定范围和内容。鉴定实施前应调查、收集和分析房屋原始资料，并进行现场查勘，制定检测鉴定方案。根据检测鉴定方案对房屋现状进行现场检测，必要时采用仪器测试、结构分析和验算。房屋危险性等级评定应在对调查、查勘、检测、验算的数据资料进行全面分析的基础上进行综合评定。

房屋危险性鉴定应根据地基危险性状态和基础及上部结构的危险性等级按下列两阶段进行综合评定：第一阶段地基危险性鉴定，评定房屋地基的危险性状态；第二阶段为基础及上部结构危险性鉴定，综合评定房屋的危险性等级。基础及上部结构危险性鉴定应按下列三层次进行。第一层次为构件危险性鉴定，其等级评定为危险构件和非危险构件两类。第二层次为楼层危险性鉴定，其等级评定为A_u、B_u、C_u、D_u四个等级。第三层次为房屋危险性鉴定，其等级评定为A、B、C、D四个等级。

4.2 地基危险性鉴定

4.2.1 一般规定

地基的危险性鉴定应包括地基承载能力、地基沉降、土体位移等内容。需对地基进行承载力验算时，应通过地质勘察报告等资料来确定地基土层分布及各土层的力学特性，同时宜考虑建造时间对地基承载力提高的影响，地基承载力提高系数，可参照《建筑抗震鉴定标准》GB 50023—2009 相应规定取值。

地基危险性状态鉴定应遵守下列规定：①通过分析房屋近期沉降、倾斜观测资料和其上部结构因不均匀沉降引起的反应的检查结果进行判定；②必要时宜通过地质勘察报告等资料对地基的状态进行分析和判断，缺乏地质勘察资料时，宜补充地质勘察。

4.2.2 评定方法

地基鉴定作为鉴定的第一阶段，当地基鉴定为安全状态时，再进行第二阶段即基础、上部结构的鉴定，然后对房屋危险性进行整体鉴定：当地基鉴定为处于危险状态时，可直接判断为危险房屋。

（1）当单层或多层房屋地基出现下列现象时，应评定为危险状态：当房屋处于自然状态时，地基沉降速率连续两个月大于 4mm/月，并且短期内无收敛趋势；当房屋处于相邻地下工程施工影响时，地基沉降速率大于 2mm/天，并且短期内无收敛趋势；因地基变形引起砌体结构房屋承重墙体产生单条宽度大于 10mm 的沉降裂缝，或产生最大裂缝宽度大于

5mm 的多条平行沉降裂缝，且房屋整体倾斜率大于 10‰；因地基变形引起混凝土结构房屋框架梁、柱出现开裂，且房屋整体倾斜率大于 10‰；两层及两层以下房屋整体倾斜率超过 30‰，三层及三层以上房屋整体倾斜率超过 20‰；地基不稳定产生滑移，水平位移量大于 10mm，且仍有继续滑动迹象。

（2）当高层房屋地基出现下列现象之一时，应评定为危险状态：不利于房屋整体稳定性的倾斜率增速连续两个月大于 0.5‰/月，且短期内无收敛趋势；上部承重结构构件及连接节点因沉降变形产生裂缝，且房屋的开裂损坏趋势仍在继续发展；房屋整体倾斜率超过表 4.2-1 规定的限值。

房屋整体倾斜率限值　　表 4.2-1

房屋高度/m	$24 < H_g \leqslant 60$	$60 < H_g \leqslant 100$
倾斜率限值	7‰	5‰

注：H_g为自室外地面起算的建筑物高度（m）。

4.3 构件危险性鉴定

4.3.1 基础构件

基础构件的危险性鉴定应包括基础构件的承载能力、构造与连接、裂缝和变形等内容，可通过分析房屋近期沉降、倾斜观测资料和其因不均匀沉降引起上部结构反应的检查结果进行判定。判定时，应重点检查基础与承重砖墙连接处的水平、竖向和斜向阶梯形裂缝状况，基础与框架柱根部连接处的水平裂缝状况，房屋的倾斜位移状况，地基滑坡、稳定、特殊土质变形和开裂等状况；必要时，宜结合开挖方式对基础构件进行检测，通过验算承载力进行判定。

房屋基础构件存在下列现象之一，可评定为危险点：基础构件承载能力与其作用效应的比值$R/(\gamma_0 S)$小于 0.90；因基础老化、腐蚀、酥碎、折断导致上部结构出现明显倾斜、位移、裂缝、扭曲等，或基础与上部结构承重构件连接处产生水平、竖向或阶梯形裂缝，且最大裂缝宽度大于 10mm；基础已有滑动，水平位移速度连续 2 个月大于 2mm/月，且在短期内无收敛趋向。

4.3.2 砌体结构构件

砌体结构构件的危险性鉴定应包括承载能力、构造与连接、裂缝和变形等内容。砌体结构应重点检查不同类型构件的构造连接部位，纵横墙交接处的斜向或竖向裂缝状况，承重墙体的变形、裂缝和拆改状况，拱脚裂缝和位移状况，以及圈梁和构造柱的完损情况等。检查时应注意其裂缝宽度、长度、深度、走向、数量及分布，并应观测裂缝的发展趋势。

砌体结构构件存在下列现象之一时，可评定为危险点：①主要构件承载力与其作用效应的比值$\varphi R/(\gamma_0 S)$小于 0.9，一般构件承载力与其作用效应的比值$\varphi R/(\gamma_0 S)$小于 0.85；②承重墙或柱因受压产生缝宽大于 1.0mm、缝长超过层高 1/2 的竖向裂缝，或产生缝长超过层高 1/3 的多条竖向裂缝；③承重墙或柱表面风化、剥落，砂浆粉化等，有效截面削弱达 15% 以上；④支承梁或屋架端部的墙体或柱截面因局部受力产生多条竖向裂缝，或裂缝宽度已超过 1.0mm；⑤墙或柱因偏心受压产生水平裂缝；⑥单片墙或柱产生相对于房屋整体的局部倾斜变形大于 7‰，或相邻构件连接处断裂成通缝；⑦墙或柱出现因刚度不足引起的挠曲鼓闪等侧弯变形现象，侧弯变形矢高大于$h/150$，或在挠曲部位出现水平或交叉裂缝；⑧砖过梁中部产生明显纵向裂缝，或端部产生明显斜裂缝，或支承过梁的墙，体产生受力裂缝，或产生明显的弯曲、下挠变形；⑨砖筒拱、扁壳、波形筒拱的拱顶沿拱线产生裂缝，或拱曲面明显变形，或拱脚明显位移，或拱体拉杆锈蚀严重，或拉杆体系失效；⑩墙体高厚比超过国家标准《砌体结构设计规范》GB 50003—2011 允许高厚比的 1.2 倍。

4.3.3 混凝土结构构件

混凝土结构构件的危险性鉴定应包括承载能力、构造与连接、裂缝和变形等内容。混凝土结构构件应重点检查墙、柱、梁、板及屋架的受力裂缝和钢筋锈蚀状况，柱根和柱顶的裂缝，屋架倾斜以及支撑系统的稳定性等。

混凝土结构构件存在下列现象之一者，可评定为危险点：①主要构件承载力与其作用效应的比值$\varphi R/(\gamma_0 S)$小于 0.9，一般构件承载力与其作用效应的比值$\varphi R/(\gamma_0 S)$小于 0.85；②梁、板产生超过$l_0/150$ 的挠度，且受拉区的裂缝宽度大于 1.0mm；或梁、板受力主筋处产生横向水平裂缝或斜裂缝，缝宽大于 0.5mm，板产生宽度大于 1.0mm 的受拉裂缝；③简支梁、连续梁跨中或中间支座受拉区产生竖向裂缝，其一侧向上或向下延伸达梁高的 2/3 以上，且缝宽大于 1.0mm，或在支座附近出现剪切斜裂缝；④梁、板主筋的钢筋截面锈损率超过 15%，或混凝土保护层因钢筋锈蚀而严重脱落、露筋；⑤预应力梁、板产生竖向通长裂缝，或端部混凝土松散露筋，或预制板底部出现横向断裂缝或明显下挠变形；⑥现浇板面周边产生裂缝，或板底产生交叉裂缝；⑦压弯构件保护层剥落，主筋多处外露锈蚀：端节点连接松动，且伴有明显的裂缝；柱因受压产生竖向裂缝，保护层剥落，主筋外露锈蚀；或一侧产生水平裂缝，缝宽大于 1.0mm，另一侧混凝土被压碎，生筋外露锈蚀；⑧柱或墙产生相对于房屋整体的倾斜、位移，其倾斜率超过 10‰，或其侧向位移量大于$h/300$；⑨构件混凝土有效截面削弱达 15%以上，或受力主筋截断超过 10%；柱、墙因主筋锈蚀已导致混凝土保护层严重脱落，或受压区混凝土出现压碎迹象；⑩钢筋混凝土墙中部产生斜裂缝；⑪屋架产生大于$l_0/200$ 的挠度，且下弦产生横断裂缝，缝宽大于 1.0mm；⑫屋架的支撑系统失效导致倾斜，其倾斜率大于 20‰；梁、板有效搁置长度小于现行相关标准规定值的 70%；⑬悬挑构件受拉区的裂缝宽度大于 0.5mm。

4.3.4 木结构构件

木结构构件的危险性鉴定应包括承载能力、构造与连接、裂缝和变形等内容。木结构构件应重点检查腐朽、虫蛀、木材缺陷、节点连接、构造缺陷、下挠变形、偏心失稳，以及木屋架端节点受剪面裂缝状况，屋架的平面外变形及屋盖支撑系统稳定状况等。

木结构构件存在下列现象之一者，应评定为危险点：①主要构件承载力与其作用效应的比值$\varphi R/(\gamma_0 S)$小于 0.9，一般构件承载力与其作用效应的比值$\varphi R/(\gamma_0 S)$小于 0.85；②连接方式不当，构造有严重缺陷，已导致节点松动变形、滑移、沿剪切面开裂、剪坏或铁件严重锈蚀、松动致使连接失效等损坏；③主梁产生大于$l_0/150$ 的挠度，或受拉区伴有较严重的材质缺陷；④屋架产生大于$l_0/120$ 的挠度，或平面外倾斜量超过屋架高度的 1/120，或顶部、端部节点产生腐朽或劈裂；⑤檩条、搁栅产生大于$l_0/100$ 的挠度，或入墙木质部位腐朽、虫蛀；⑥木柱侧弯变形，其矢高大于$h/150$，或柱顶劈裂、柱身断裂、柱脚腐朽等受损面积大于原截面 20%以上；⑦对受拉、受弯、偏心受压和轴心受压构件，其斜纹理或斜裂缝的斜率分别大于 7%、10%、15%和 20%；⑧存在心腐缺陷的木质构件；⑨受压或受拉木构件干缩裂缝深度超过构件直径的 1/2，且裂缝长度超过构件长度的 2/3。

4.3.5 钢结构构件

钢结构构件的危险性鉴定应包括承载能力、构造和连接、变形等内容。钢结构构件应重点检查各连接节点的焊缝、螺栓、铆钉等情况：应注意钢柱与梁的连接形式、支撑杆件、柱脚与基础连接部位的损坏情况，钢屋架杆件弯曲、截面扭曲、节点板弯折状况和钢屋架挠度、侧向倾斜等偏差状况。

钢结构构件存在下列现象之一者，应评定为危险点：①主要构件承载力与其作用效应的比值$\varphi R/(\gamma_0 S)$小于 0.9，一般构件承载力与其作用效应的比值$\varphi R/(\gamma_0 S)$小于 0.85；②构件或连接件有裂缝或锐角切口；焊缝、螺栓或铆钉拉开、变形、滑移、松动、剪坏等严重损坏；③连接方式不当，构造有严重缺陷；④受力构件因锈蚀导致截面锈损量大于原截面的10%；⑤梁、板等构件挠度大于$l_0/250$，或大于 45mm；⑥实腹梁侧弯矢高大于$l_0/600$，且有发展迹象；⑦受压构件的长细比大于《钢结构设计标准》GB 50017—2017 中规定值的 1.2 倍；⑧钢柱顶位移，平面内大于$h/150$，平面外大于$h/500$，或大于 40mm；⑨屋架产生大于$l_0/250$ 或大于 40mm 的挠度；屋架支撑系统松动失稳，导致屋架倾斜，倾斜量超过$h/150$。

4.3.6 围护结构承重构件

围护结构承重构件主要包括砌体自承重墙、承担水平荷载的填充墙、门窗洞口过梁、挑梁、雨篷板及女儿墙等。围护结构承重构件的危险性鉴定应包括承载能力、构造和连接、变形等内容。

围护结构承重构件为上部承重结构构件的组成部分，其危险性鉴定应按本章 4.3.2 节～4.3.5 节，根据其构件类型按砌体结构构件、混凝土结构构件、木结构构件、钢结构构件的相关规定进行评定。

4.4 房屋危险性鉴定

房屋危险性鉴定应以房屋的地基、基础及上部结构构件的危险性程度判定为基础，结合各危险构件的损伤程度，危险构件在整幢房屋中的重要性、数量和比例，危险构件相互间的关联作用及对房屋整体稳定性的影响，周围环境、使用情况和人为因素对房屋结构整体的影响以及房屋结构的可修复性等因素进行全面分析和综合判断。

对有关联的危险构件，在地基、基础、上部结构构件危险性的判断上，应考虑其危险关联度，当构件危险性呈关联状态时，应联系结构的关联性判定其影响范围。

房屋危险性等级应进行两阶段鉴定，在第一阶段地基危险性鉴定中，当地基评定为危险状态时，应将整幢房屋评定为D级整幢危房；当地基评定为非危险状态时，应在第二阶段鉴定中，综合评定房屋基础及上部结构（含地下室）的状况后作出判断，对传力体系简单的两层及两层以下房屋，可根据危险构件影响范围直接评定其危险性等级。

4.5　鉴定报告

危险房屋鉴定报告的格式《危险房屋鉴定标准》JGJ 125—2016 没有作强制性的规定，各地区的房屋管理部门和相关单位可自行设计报告格式，鉴定报告宜包括：房屋的建筑、结构概况，以及使用历史、维修情况等，鉴定目的、内容、范围、依据及日期，调查、检测、分析过程及结果，评定等级或评定结果，鉴定结论和建议及相关附件，对存在危险构件的房屋，还应在鉴定报告中对危险构件的数量、位置、在结构体系中的作用以及现状作出详细说明，必要时可通过图表来进行说明。

对被鉴定房屋提出处理建议时，应结合周边环境、经济条件等各因素综合考虑。

对判断为危险构件的承重构件，应根据受损情况采取相应的处理措施，可采取减少结构使用荷载，加固或更换危险构件，架设临时支撑，观察使用或停止使用，拆除部分或全部结构五种常规的处理方式。

对评定为局部危房或整幢危房的房屋，可采用观察使用、处理使用、停止使用、整体拆除，按相关规定处理等处理方式。观察使用适用于采取适当安全技术措施后，尚能短期使用，但需继续观察的房屋；处理使用适用于采取适当技术措施后，可解除危险的房屋；停止使用适用于已无修缮价值，暂时不便拆除，又不危及相邻建筑和影响他人安全的房屋；整体拆除适用于整修危险且无修缮价值，需立即拆除的房屋；按相关规定处理适用于有特殊规定的房屋。

4.6　鉴定案例分析

4.6.1　工程概况

某办公楼为 2 层钢筋混凝土框架结构，建筑面积约为 720m^2，始建于 1998 年，一、二层结构平面布置见图 4.6-1 和图 4.6-2；基础采用钢筋混凝土独立基础；楼板、屋面板均采用钢筋混凝土现浇板，共有 23 块板；每层各有 16 面砌筑围护墙。

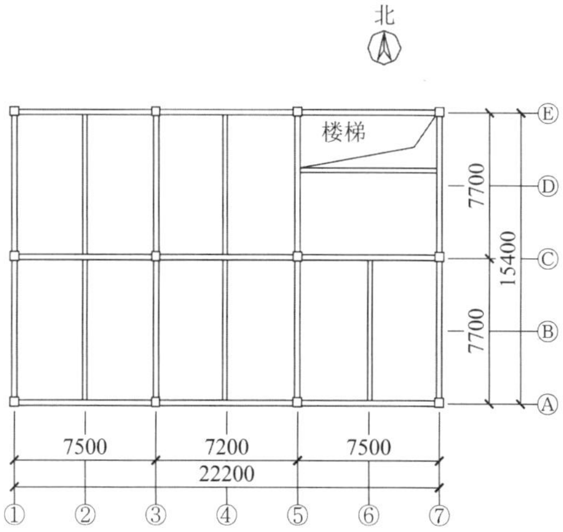

图 4.6-1　一层结构平面布置图

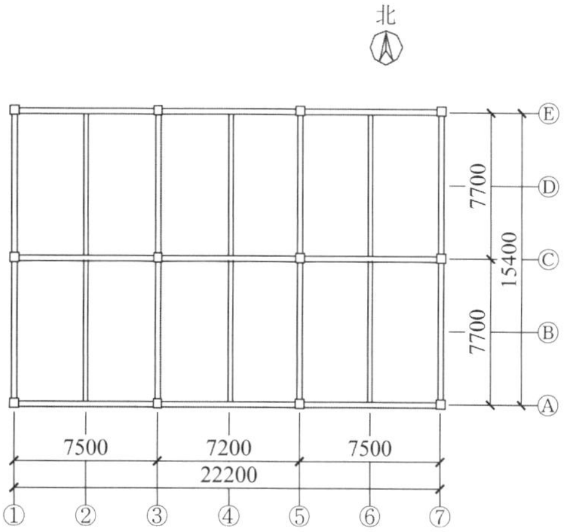

图 4.6-2　二层结构平面布置

近期，该楼的北侧有地铁基坑开挖施工，施工期间，该楼新增较多裂缝和变形，还有不同程度的截面损失等，部分损坏情况示意图见图 4.6-3～图 4.6-5。为了解房屋的危险程度，该楼的业主委托某鉴定机构依据《危险房屋鉴定标准》JGJ 125—2016 对该楼进行危险房屋鉴定。

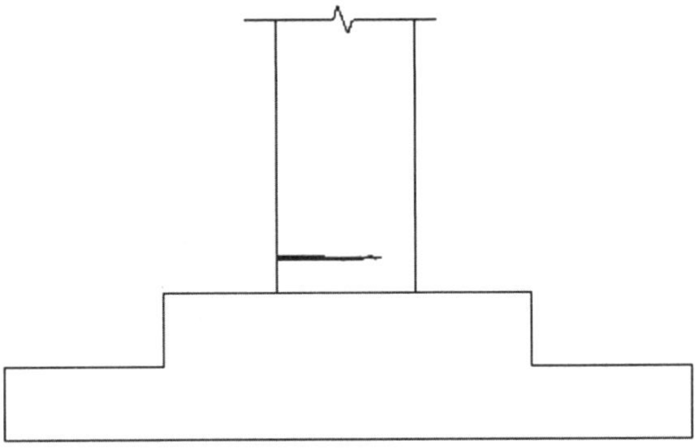

图 4.6-3　3～E 轴的基础与柱连接处裂缝情况

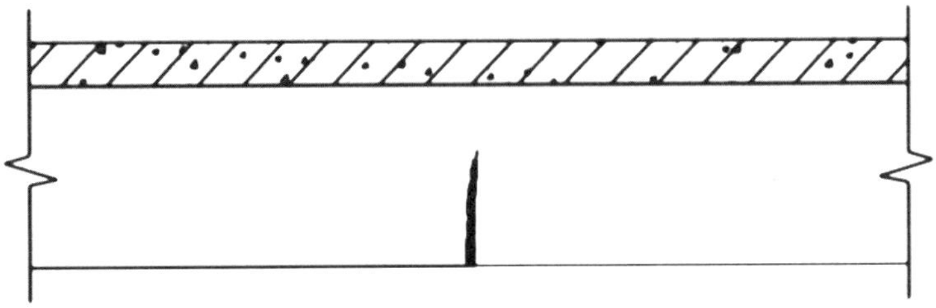

图 4.6-4　一层 7～C-E 轴梁的跨中裂缝情况

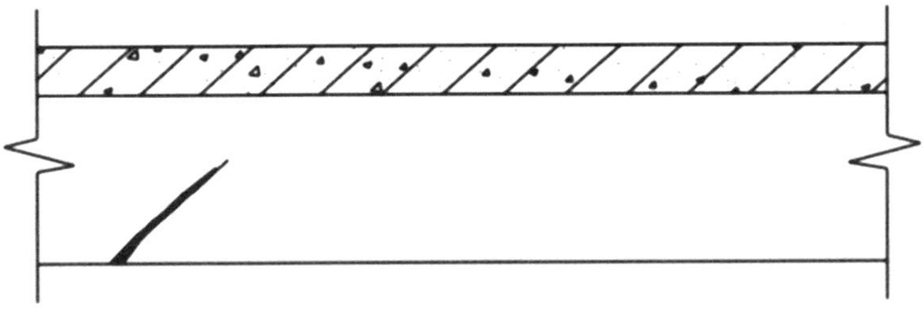

图 4.6-5　一层 5～C-E 轴梁的 E 端裂缝情况

4.6.2　初步检测结果

该鉴定机构对该办公楼地基、基础、上部结构以及围护墙进行现场调查、查勘和检测发现，该办公楼存在表 4.6-1 中所述的沉降、变形、裂缝等问题。结合现场调查、查勘和检测发现的问题，对该办公楼基础和上部结构的构件进行承载力验算，验算结果见表 4.6-2。可以看出，该办公楼 3～E 轴、5～E 轴、7～E 轴的基础承载力与作用效应之比小于 1；一层 7～C 轴柱、5～C 轴柱、一层 5-7～C 轴梁、二层 5-6～C-E 轴板的承载力与作用效应之比小于 1。

地基、基础、上部结构以及围护墙的裂缝、变形检测结果　　表 4.6-1

地基	3～E 轴、5～E 轴、7～E 轴 3 处地基有下沉，沉降速率 1mm/d，但呈收敛趋势。房屋总高度 7.0m，房屋实测整体倾斜最大值为 10mm
基础	根据地面裂缝情况，开挖 3～E 轴、5～E 轴、7～E 轴 3 处基础，发现 3～E 轴的柱根有宽 3mm 的水平裂缝（图 4.6-3）；5～E 轴的柱根有宽 11mm 的水平裂缝；7～E 轴的柱根有宽 13mm 的水平裂缝
上部结构	1. 裂缝分布情况 一层 7～C-E 轴梁的跨中有 1 条宽 0.35mm 的竖向裂缝（图 4.6-4）； 一层 5～C-E 轴梁的 E 端有剪切斜裂缝，裂缝宽 0.63mm（图 4.6-5）； 一层 3～C-E 轴梁的两端有剪切斜裂缝，裂缝宽 0.2mm。 2. 变形情况 一层柱计算高度为 3.2m，一层 7～E 轴柱相对于房屋整体的位移为 35.0mm；其余构件无明显变形
围护墙	一、二层围护墙高均为 2.8m。一层 7～C-E 轴围护墙有相对于房屋整体的局部倾斜，水平向偏移 23.0mm；二层 E～4-5 轴围护墙，出现表面风化，有效截面削弱 12%； 其余围护墙外观无明显损伤

构件承载力验算结果　　表 4.6-2

基础	3～E 轴的基础承载力与其作用效应之比为 0.89； 5～E 轴的基础承载力与其作用效应之比为 0.87； 7～E 轴的基础承载力与其作用效应之比为 0.84；其余基础的承载力均大于作用效应
上部结构	一层 7～C 轴柱承载力与其作用效应之比为 0.91； 一层 5～C 轴柱承载力与其作用效应之比为 0.89； 一层 5-7～C 轴梁承载力与其作用效应之比为 0.91； 二层 5-6～C-E 轴楼板承载力与其作用效应之比为 0.83；其余构件的承载力均大于作用效应

4.6.3　房屋危险性分析及评级

综合以上调查、查勘、检测、验算结果，依据《危险房屋鉴定标准》JGJ 125—2016 第 3.2 节的相关规定进行，将房屋危险性鉴定按地基、基础及上部结构两个阶段进行综合评定。第一阶段为地基危险性鉴定，评定房屋地基的危险性状态，第二阶段为基础及上部结构危险性鉴定，综合评定房屋的危险性等级。基础及上部结构危险性鉴定按三层次进行：第一层次为构件危险性鉴定，第二层次为楼层危险性鉴定，第三层次为房屋危险性鉴定。

1）地基危险状态鉴定

3～E 轴、5～E 轴、7～E 轴 3 处的地基出现下沉现象，沉降速率为 1mm/d，但呈收敛趋势。房屋总高度 7.0m，房屋实测整体倾斜最大值为 10mm，房屋整体倾斜率为 0.14%。根据《危险房屋鉴定标准》JGJ 125—2016 第 4.2.1 条，该房屋地基评定为非危险状态。

2）基础及上部结构危险性鉴定

（1）基础危险性鉴定

房屋 3～E 轴、5～E 轴、7～E 轴基础的承载力与其作用效应之比均小于 0.9。根据《危险房屋鉴定标准》JGJ 125—2016 第 5.2.3 条第 1 款评定 3～E 轴、5～E 轴、7～E 轴基础为危险点。

开挖 3～E 轴、5～E 轴、7～E 轴 3 处基础，发现 3～E 轴柱根有宽度为 3mm 的水平裂缝；5～E 轴柱根有宽度为 11mm 的水平裂缝；7～E 轴柱根有宽度为 13mm 的水平裂缝。其中 5～E 轴、7～E 轴柱根处水平裂缝宽度大于 10mm，根据《危险房屋鉴定标准》JGJ 125—2016 第 5.2.3 条第 2 款评定 5～E 轴、7～E 轴基础为危险点。

因此基础总的危险构件数量为 3 个。

（2）上部结构危险性鉴定

该房屋始建于 1998 年，结构构件重要性系数为 1，根据《危险房屋鉴定标准》JGJ 125—2016 表 5.1.2，判定该房屋为Ⅱ类房屋，结构构件抗力与效应之比调整系数取为 1.10。

①首层

根据表 4.6.3 的检验情况及《危险房屋鉴定标准》JGJ 125—2016 第 5.4.3 条第 1 款进行计算及分析：

一层 7～C 轴柱上轴向作用效应为 665kN，柱的受压承载力为 550kN，构件承载力与其作用效应的比值为$1.1\times550/(1.0\times665)=0.91$，大于等于 0.90，评定 7～C 轴边柱为非危险点。

一层 5～C 轴柱上轴向作用效应为 1360kN，柱的受压承载力为 1100kN，构件承载力与其作用效应的比值为$1.1\times1100/(1.0\times1360)=0.89$，小于 0.90，评定 5～C 轴中柱为危险点。

一层 5-7～C 轴梁上荷载引起的最大弯矩为 248kN · m，梁的受弯承载力为 205kN · m，构件承载力与其作用效应的比值为$1.1\times205/(1.0\times248)=0.91$，大于等于 0.90，评定 5-7～C 轴中梁为非危险点。

根据《危险房屋鉴定标准》JGJ 125—2016 第 5.4.3 条第 3 款进行分析：

一层 7～C-E 轴梁的跨中有 1 条宽 0.35mm 的竖向裂缝（非受力裂缝），且其一侧向上延伸达梁高的 2/3 以上；该裂缝宽小于 1.0mm，评定 7～C-E 轴边梁为非危险点。

一层 5～C-E 轴梁的 E 端有剪切斜裂缝，裂缝宽 0.63mm，在支座附近出现剪切斜裂缝，评定 5～C-E 轴中梁为危险点。

一层 3～C-E 轴梁的两端有剪切斜裂缝，裂缝宽 0.2mm，在支座附近出现剪切斜裂缝，评定 3～C-E 轴中梁为危险点。

根据《危险房屋鉴定标准》JGJ 125—2016 第 5.4.3 条第 8 款分析：

一层 7～E 轴柱相对于房屋整体的位移为 35.0mm；倾斜率为 10.9‰，倾斜率限值为 10‰，评定 7～E 轴角柱为危险点。

根据《危险房屋鉴定标准》JGJ 125—2016 第 5.3.3 条第 6 款分析：

一层 7～C-E 轴围护墙有相对于房屋整体的局部倾斜，水平向偏移 23.0mm；其倾斜率为 $23/2800=8.2‰$，大于 7‰，评定 7～C-E 轴围护墙为危险点。

根据前述及《危险房屋鉴定标准》JGJ 125—2016 第 6.2.2 及 6.3.3 条，考虑竖向构件关联性，一层中，中柱危险点为 1 个（5-C 轴），边柱危险点 2 个（3-E 轴、5-E 轴），角柱危险点 1 个（7-E 轴），中梁危险点 2 个（3～C-E 轴、5～C-E 轴），边梁危险点 0 个，围护构件 1 个（7～C-E 轴），其他为 0 个。

②二层

根据表 4.6-1、表 4.6-2 的检验情况及《危险房屋鉴定标准》JGJ 125—2016 第 5.4.3 条第 1 款进行分析：

二层 5-6～C-E 轴楼板板面每延米上荷载引起的最大弯矩为 7.6kN · m，每延米板的受弯承载力为 5.7kN · m，构件承载力与其作用效应的比值为$1.1\times5.7/(1.0\times7.6)=0.83$，小于 0.85，评定 5-6～C-E 轴楼板梁为危险点。

根据《危险房屋鉴定标准》JGJ 125—2016 第 5.3.3 条第 3 款分析：

二层 E～4-5 轴围护墙，出现表面风化，有效截面削弱 12%，小于 15%，评定 E～4-5 轴围护墙为非危险点。

根据前述及《危险房屋鉴定标准》JGJ 125—2016 第 6.2.2 和 6.3.3 条，考虑竖向构件关联性，二层中，中柱危险点 1 个（5-C 轴），边柱危险点 2 个（3-E 轴、5-E 轴），角柱危险点 1 个（7-E 轴），楼板危险点 1 个（5-6～C-E 轴），其他为 0 个。

3）危险性构件综合比例计算

综合以上分析，该房屋的危险点汇总情况见表 4.6-3，依据《危险房屋鉴定标准》JGJ 125—2016 的要求，计算危险性构件综合比例，分别对该房屋的基础和上部结构的危险等级进行评定。

危险点构件汇总　　表 4.6-3

构件类别		危险构件数量	危险构件名称
基础	基础构件	3	3～E 轴、5～E 轴、7～E 轴
首层	中柱	1	5-C 轴
	边柱	2	3-E 轴、5-E 轴
	角柱	1	7-E 轴
	墙体	0	—
	屋架	0	—
	中梁	2	3～C-E 轴、5～C-E 轴
	边梁	0	—
	次梁	0	—
	楼（屋）面板	0	—
	围护结构围护墙	1	7～C-E 轴
二层	中柱	1	5-C 轴
	边柱	2	3-E 轴、5-E 轴
	角柱	1	7-E 轴
	墙体	0	—
	屋架	0	—
	中梁	0	—
	边梁	0	—
	次梁	0	—
	楼（屋）面板	1	5-6～C-E 轴
	围护结构围护墙	0	—

（1）基础

基础总的构件数量为 12 个，基础危险构件数量为 3 个。根据《危险房屋鉴定标准》JGJ 125—2016 公式（6.3.1）计算，基础危险构件综合比例为 25.0%。

$$R_{\mathrm{f}} = n_{\mathrm{df}}/n_{\mathrm{f}} = 3/12 = 25.0\%$$

根据《危险房屋鉴定标准》JGJ 125—2016 第 6.3.2 条，基础层危险性等级评定为D_{u}级。

（2）上部结构

①首层

首层中柱构件 2 个，边柱构件 6 个，角柱构件 4 个，墙体构件 0 个，屋架构件 0 个，中梁构件 7 个，边梁构件 10 个，次梁 6 个，楼（屋）面板 11 个（未计算楼梯孔洞），围护墙 16 个。首层构件危险点统计情况详见表 4.6-4。

首层构件危险点统计 表 4.6-4

首层	竖向构件				主要水平构件			次要水平构件		围护结构
	中柱	边柱	角柱	墙体	屋架	中梁	边梁	次梁	楼板	围护墙体
危险构件数	1	2	1	0	0	2	0	0	0	1
构件总数	2	6	4	0	0	7	10	6	11	16

根据《危险房屋鉴定标准》JGJ 125—2016 公式（6.3.3）计算，首层上部结构的危险构件综合比例为 17.09%。

$$\begin{aligned}R_{\mathrm{s1}} = &\big(3.5n_{\mathrm{dpc1}} + 2.7n_{\mathrm{dsc1}} + 1.8n_{\mathrm{dcc1}} + 2.7n_{\mathrm{dw1}} + 1.9n_{\mathrm{drt1}} + 1.9n_{\mathrm{dpmb1}} + 1.4n_{\mathrm{dsmb1}} + \\ &n_{\mathrm{dsb1}} + n_{\mathrm{ds1}} + n_{\mathrm{dsm1}}\big)/\big(3.5n_{\mathrm{pc1}} + 2.7n_{\mathrm{sc1}} + 1.8n_{\mathrm{cc1}} + 2.7n_{\mathrm{w1}} + 1.9n_{\mathrm{rt1}} + \\ &1.9n_{\mathrm{pmb1}} + 1.4n_{\mathrm{smb1}} + n_{\mathrm{sb1}} + n_{\mathrm{s1}} + n_{\mathrm{sm1}}\big) \\ = &(3.5\times1 + 2.7\times2 + 1.8\times1 + 2.7\times0 + 1.9\times0 + 1.9\times2 + 1.4\times0 + \\ &0 + 0 + 1)/(3.5\times2 + 2.7\times6 + 1.8\times4 + 2.7\times0 + 1.9\times0 + 1.9\times7 + \\ &1.4\times10 + 6 + 11 + 16) = 17.09\%\end{aligned}$$

根据《危险房屋鉴定标准》JGJ 125—2016 第 6.3.4 条，首层危险性等级评定为C_{u}级。

②二层

上部结构第二层中柱构件 2 个，边柱构件 6 个，角柱构件 4 个，墙体构件 0 个，屋架构件 0 个，中梁构件 7 个，边梁构件 10 个，次梁 6 个，屋面板 12 个，围护墙 16 个。二层构件危险点统计情况详见表 4.6-5。

二层构件危险点统计 表 4.6-5

二层	竖向构件				主要水平构件			次要水平构件		围护结构
	中柱	边柱	角柱	墙体	屋架	中梁	边梁	次梁	楼板	围护墙体
危险构件数	1	2	1	0	0	0	0	0	1	0
构件总数	2	6	4	0	0	7	10	6	12	16

根据《危险房屋鉴定标准》JGJ 125—2016 公式（6.3.3）计算，二层上部结构的危险构件综合比例为 12.76%。

$$R_{s1}=(3.5n_{dpc1}+2.7n_{dsc1}+1.8n_{dcc1}+2.7n_{dw1}+1.9n_{drt1}+1.9n_{dpmb1}+1.4n_{dsmb1}+n_{dsb1}+n_{ds1}+n_{dsm1})/(3.5n_{pc1}+2.7n_{sc1}+1.8n_{cc1}+2.7n_{w1}+1.9n_{rt1}+1.9n_{pmb1}+1.4n_{smb1}+n_{sb1}+n_{s1}+n_{sm1})$$
$$=(3.5\times1+2.7\times2+1.8\times1+2.7\times0+1.9\times0+1.9\times0+1.4\times0+0+0+1+0)/(3.5\times2+2.7\times6+1.8\times4+2.7\times0+1.9\times0+1.9\times7+1.4\times10+6+12+16)=12.76\%$$

根据《危险房屋鉴定标准》JGJ 125—2016 第 6.3.4 条，二层危险性等级评定为C_u级

4）整体结构评级

整幢办公楼基础构件总数为 12 个，中柱构件 4 个，边柱构件 12 个，角柱构件 8 个，墙体构件 0 个，屋架构件 0 个，中梁构件 14 个，边梁构件 20 个，次梁 12 个，楼（屋）面板 23 个，围护墙 32 个。基础危险构件 3 个，中柱危险构件 2 个，边柱危险构件 4 个，角柱危险构件 2 个，墙体危险构件 0 个，屋架危险构件 0 个，中梁危险构件 2 个，边梁危险构件 0 个，次梁危险构件 0 个，楼（屋）面板危险构件 1 个，围护墙危险构件 1 个。整体构件危险点统计情况详见表 4.6-6。

整体构件危险点统计情况　　表 4.6-6

整体结构	基础	竖向构件				主要水平构件			次要水平构件		围护结构
		中柱	边柱	角柱	墙体	屋架	中梁	边梁	次梁	楼板	围护墙体
危险构件数	3	2	4	2	0	0	2	0	0	1	1
构件总数	12	4	12	8	0	0	14	20	12	23	32

根据《危险房屋鉴定标准》JGJ 125—2016 公式（6.3.5）计算，整体结构危险构件综合比例 16.80%。

$$R=(3.5n_{df}+3.5\sum n_{dpci}+2.7\sum n_{dsci}+1.8\sum n_{dcci}+2.7\sum n_{dwi}+1.9\sum n_{drti}+1.9\sum n_{dpmbi}+1.4\sum n_{dsmbi}+\sum n_{dsbi}+\sum n_{dsi}+\sum n_{dsmi})/(3.5n_{f}+3.5\sum n_{pci}+2.7\sum n_{sci}+1.8\sum n_{cci}+2.7\sum n_{wi}+1.9\sum n_{rti}+1.9\sum n_{pmbi}+1.4\sum n_{smbi}+\sum n_{sbi}+\sum n_{si}+\sum n_{smi})$$
$$=(3.5\times3+3.5\times2+2.7\times4+1.8\times2+2.7\times0+1.9\times0+1.9\times2+1.4\times0+0+1+1)/(3.5\times12+3.5\times4+2.7\times12+1.8\times8+2.7\times0+1.9\times0+1.9\times14+1.4\times20+12+23+32)=16.80\%$$

根据《危险房屋鉴定标准》JGJ 125—2016 第 6.3.6 条第 3 款，$5\%<R=16.80\%<25\%$，且基础及上部结构各楼层（含地下室）危险性等级中含D_u级楼层不大于 1 层，因此房屋危险性等级评定为 C 级。

第 5 章

幕墙鉴定

幕墙主要指由面板与支承结构体系（支承装置与支承结构）组成的、可相对主体结构有一定位移能力或自身有一定变形能力、不承担主体结构所受作用的建筑外围护墙。幕墙可靠性鉴定的主要内容是对建筑幕墙的安全性能、正常使用性（包括使用性和耐久性）所进行的调查、检测、分析、验算和评定等。

本章幕墙鉴定主要是针对以下情况幕墙的可靠性鉴定：①使用中的定期可靠性鉴定；②原设计或制作、安装存在较严重的缺陷，需鉴定其实际承载和工作性能；③各类事故及灾害导致幕墙结构损伤，需对其可靠性进行重新评定；④达到或超过设计使用年限而继续使用的鉴定；⑤其他需对建筑幕墙进行可靠性鉴定的情况。

建筑幕墙可靠性鉴定包括：安全性鉴定和正常使用鉴定。对建设主管部门相关规定要求的鉴定、大修或改造前的鉴定、使用过程中或灾害和事故后发现可能影响安全问题时的应急鉴定等情况的鉴定可仅进行安全性鉴定。

5.1 鉴定程序

建筑幕墙可靠性鉴定应按图 5.1-1 所示程序进行。

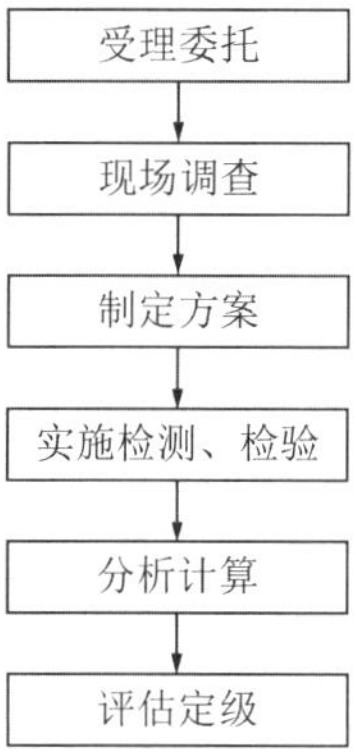

图 5.1-1　建筑幕墙可靠性鉴定

最后确定鉴定结论，提出处理建议，建筑幕墙的单项鉴定或有特殊使用要求的专门鉴定程序，可根据具体要求另行商定。

5.2 评定方法

建筑幕墙可靠性鉴定评级的层次、等级划分及内容应符合下列规定：

（1）安全性和正常使用性的鉴定评级，应按基本单位、子单元和鉴定单元三个层次：

首先根据各构件、构造各检查项目评定结果，确定基本单位等级，安全性按a_u、b_u、c_u、d_u进行分级、正常使用性按a_s、b_s、c_s进行分级。

再根据各种构件、构造部位及各种使用功能的评定结果，确定子单元等级，安全性按A_u、B_u、C_u、D_u进行分级、正常使用性按A_s、B_s、C_s进行分级。

最后根据各子单元的评定结果，确定鉴定单元等级，安全性按A_{su}、B_{su}、C_{su}、D_{su}进行分级、正常使用性按A_{ss}、B_{ss}、C_{ss}进行分级。

（2）以每个层次安全性和正常使用性的评定结果为依据，综合确定各层次可靠性鉴定评级，可靠性鉴定等级分为四级，基本单位可靠性等级按a、b、c、d进行分级，子单元的可靠性等级按A、B、C、D进行分级，鉴定单元的可靠性等级按Ⅰ、Ⅱ、Ⅲ、Ⅳ进行分级。

（3）当仅要求鉴定某层次的安全性或正常使用性时，检查和评定工作可只进行到该层次、不进行下一步程序规定的步骤。

在建筑幕墙可靠性鉴定过程中，若发现检测数据或资料不足，应及时组织补充检测或资料调查。

5.3 鉴定评级标准

（1）当基本单元的可靠性（安全性、正常使用性）等级为a（a_u、a_s）可判定该构件：可靠性（安全性、使用性）满足a（a_u、a_s）级的要求，具有正常的承载能力和使用功能；不必采取措施。

可靠性（安全性、正常使用性）等级为b（b_u、b_s）可判定该构件：可靠性（安全性、使用性）低于a（a_u、a_s）级的要求，但尚不显著影响承载能力和使用功能；可不必采取措施。

可靠性（安全性、正常使用性）等级为c（c_u、c_s）可判定该构件：可靠性（安全性、使用性）不满足a（a_u、a_s）级的要求，显著影响承载能力和使用功能；应采取措施。

可靠性（安全性、正常使用性）等级为d（d_u）可判定该构件：可靠性（安全性）严重不满足a（a_u）级的要求，已严重影响安全；必须及时或立即采取措施。

（2）当子单元的可靠性（安全性、正常使用性）等级为A（A_u、A_s）可判定该构件：可靠性（安全性、使用性）满足A（A_u、A_s）级的要求，具有正常的承载能力和使用功能；不必采取措施。

可靠性（安全性、正常使用性）等级为B（B_u、B_s）可判定该构件：可靠性（安全性、使用性）低于A（A_u、A_s）级的要求，但尚不显著影响承载能力和使用功能；可不必采取措施。

可靠性（安全性、正常使用性）等级为C（C_u、C_s）可判定该构件：可靠性（安全性、使用性）不满足A（A_u、A_s）级的要求，显著影响承载能力和使用功能；应采取措施。

可靠性（安全性、正常使用性）等级为D（D_u）可判定该构件：可靠性（安全性）严重不满足A（A_u）级的要求，已严重影响安全；必须及时或立即采取措施。

（3）当鉴定单元的可靠性（安全性、正常使用性）等级为Ⅰ（A_{su}、A_{ss}）可判定该构件：可靠性（安全性、使用性）满足Ⅰ（A_{su}、A_{ss}）级的要求，具有正常的承载能力和使用功能；不必采取措施。

可靠性（安全性、正常使用性）等级为Ⅱ（B_{su}、B_{ss}）可判定该构件：可靠性（安全性、使用性）低于Ⅰ（A_{su}、A_{ss}）级的要求，但尚不显著影响承载能力和使用功能；可不必采取措施。

可靠性（安全性、正常使用性）等级为Ⅲ（C_{su}、C_{ss}）可判定该构件：可靠性（安全性、使用性）不满足Ⅰ（A_{su}、A_{ss}）级的要求，显著影响承载能力和使用功能；应采取措施。

可靠性（安全性、正常使用性）等级为Ⅳ（D_{su}）可判定该构件：可靠性（安全性）严重不满足Ⅰ（A_{su}）级的要求，已严重影响安全；必须及时或立即采取措施。

5.4 抽样比例和数量

可按同一鉴定单元各类结构构件和构造节点总数的 1%进行抽样，检测幕墙结构和构造，绝对数量不应少于 5 个或 5 处。

按原设计、施工图纸及隐蔽工程验收记录齐全与否，至少检查 5 处或 10 处防雷构造。

其余安全性鉴定项目的试验数量应符合以下要求：

（1）构件材料可能存在性能退化时，至少在每个鉴定单元中，按每种材料随机抽取 1 组样品进行检测。

（2）每个鉴定单元抽取不少于 3 个结构胶试件进行手拉剥离试验、现场拉伸粘结强度试验。

（3）每个鉴定单元抽取不少于 1 组的面板挂件进行挂装强度试验。

（4）每个鉴定单元抽取不少于 3 个与主体结构连接或不少于 5 个后锚固件进行抗拔力试验。

（5）每个鉴定单元抽取不少于 1 个玻璃面板进行荷载试验。

（6）按原设计文件是否有效、结构是否出现严重的性能退化或有无设计施工偏差时，可采用原设计的标准值，或每个鉴定单元抽取不少于 1 个试件检测相关性能。

（7）每个鉴定单元抽取不少于 1 处进行防雨水渗漏子单元的现场淋水试验。

5.5 安全性鉴定内容

框架式幕墙（如：隐框、半隐框玻璃幕墙、明框玻璃幕墙、单元式玻璃幕墙、石材幕墙、金属板幕墙、人造板材幕墙等）安全性检查内容包括：支承构件及承载力验算（横梁、立柱）、支承构件的连接构造（梁柱连接、单元板块间连接、上下层立柱之间的伸缩缝构造、立柱与主体结构之间的连接构造、后锚固件现场拉拔试验以及支座连接承载力验算等）、面板构件及承载力验算（玻璃、其他板材）、面板连接及验算（连接构造、硅酮结构胶检查、硅酮结构胶现场拉伸粘结强度试验及手拉剥离试验、面板连接承载能力验算）、开启窗、防火构造、防雷构造、金属构件的腐蚀和锈蚀。

点支承玻璃幕墙及全玻璃幕墙安全性检查内容包括：支承构件（玻璃肋、拉索、拉杆及承载力验算）、支承构件连接（拉索间连接、玻璃肋间连接、与主体结构间连接以及支座连接承载力验算等）、面板构件及承载力验算（玻璃、其他板材）、面板连接及验算（连接构造、硅酮结构胶检查及手拉剥离试验、面板连接承载能力验算）、防火构造、防雷构造、金属构件的腐蚀和锈蚀。

幕墙主要材料、结构和构造应检查以下内容：

（1）各种材料的产品合格证书、性能检测报告、进场验收记录和复验报告。

（2）核查质量保证文件中的材料品种与现场是否一致，核对材料性能参数与设计文件的符合情况。

（3）主要构件材料加工制作以及施工安装的偏差、腐蚀（锈蚀）和损坏等情况。

（4）幕墙的设计文件、竣工资料。

（5）幕墙竣工资料的隐蔽验收记录，包括预埋件（或后锚固连接件）、构件与主体结构及构件之间的连接构造、变形缝及墙面转角处的构造、幕墙防雷构造、幕墙防火构造、单元式幕墙的封口构造。

（6）幕墙结构和构造与设计文件以及现行国家、行业标准的相符情况。

5.6　支承构件及连接

1）金属构件的检查测试内容

（1）形成及其他连接构件应检查：外形尺寸、壁厚和板厚、表面腐蚀（锈蚀）、外观质量、表面处理层厚度、铝型材（6063 类）的韦氏硬度。

（2）受力杆件应重点检测：型材截面主要受力部位的厚度。

（3）对于不同杆件的连接部位，应检查金属构件的腐蚀和锈蚀。

（4）金属构件表面腐蚀（锈蚀）及外观检查内容应符合表 5.6-1 的规定。

金属构件表面腐蚀（锈蚀）及外观检查内容　　表 5.6-1

序号	检查内容
1	铝合金型材与其他金属接触部位是否有双金属腐蚀情况，重点检查螺栓连接处、与主体结构连接处和防雷连接点等处
2	铝合金型材或钢型材等金属型材的变形、损坏、松动现象
3	钢型材表面防腐处理层的损坏及基材锈蚀情况
4	拉索（杆）表面是否圆整，是否出现损伤、腐蚀或锈蚀等现象

（5）预应力拉索应测量拉索的张拉力。

（6）若铝合金型材无产品合格证书、检验报告，或不能确定材料品质、抽检型材的韦氏硬度不符合要求时，应在铝合金型材适当部位取样，进行材质和力学性能试验。

2）各种材料检查内容及具体检查方法

（1）铝型材检查内容

①壁厚

检测方法：采用精度为 0.02mm 的游标卡尺、精度为 0.1mm 的金属测厚仪在杆件同一截面不同部位测量，测点不应少于 5 个，取最小值。

评判标准：立柱铝型材主要受力截面开口部位的厚度不应小于 3.0mm，闭口部位厚度不应小于 2.5mm。当横梁跨度不大于 1.2m 时，横梁铝型材厚度不应小于 2.0mm，横梁跨度大于 1.2mm 时，厚度不应小于 2.5mm。

示例如图 5.6-1、图 5.6-2 所示。

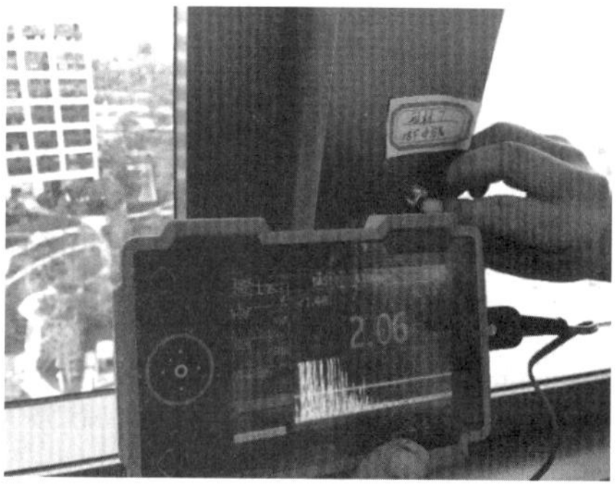

图 5.6-1　测厚仪测量厚度

图 5.6-2　游标卡尺测量型材规格

②膜厚

检测方法：采用精度为 0.5μm 的膜厚检测仪。在型材表面不少于 5 个部位进行测量，同一测点应测量 5 次，取平均值，修约至整数。

评判标准如表 5.6-2 所示。

铝合金型材表面处理层的厚度　　表 5.6-2

表面处理方法		膜厚级别（涂层种类）	厚度 t/μm 平均膜厚	厚度 t/μm 局部膜厚
阳极氧化		不低于 AA15	$t \geqslant 15$	$t \geqslant 12$
电泳涂漆	阳极氧化膜	B	$t \geqslant 10$	$t \geqslant 8$
	漆膜	B	—	$t \geqslant 7$
	复合膜	B	—	$t \geqslant 16$
粉末喷涂		—	—	$40 \leqslant t \leqslant 120$
氟碳喷涂		—	$t \geqslant 40$	$t \geqslant 34$

示例如图 5.6-3、图 5.6-4 所示。

图 5.6-3　型材膜厚测量（一）

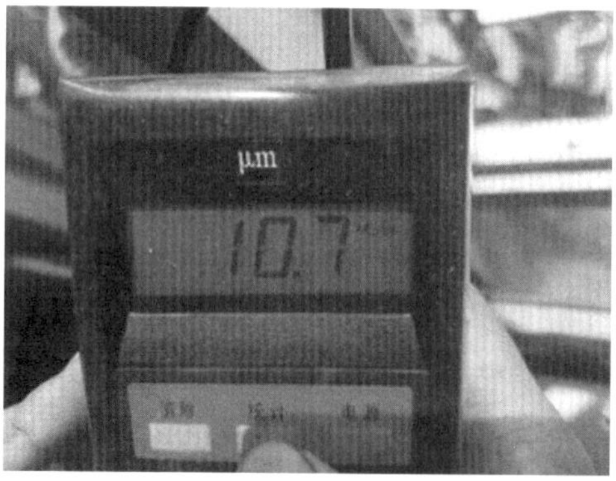

图 5.6-4　型材膜厚测量（二）

③硬度

检测方法：采用韦氏硬度计测量，先将型材表面涂层清除干净，在型材表面取不少于 3 个测点，取平均值，并修约至 0.5 个单位值。

评判标准如表 5.6-3 所示。

铝型材韦氏硬度　　表 5.6-3

牌号	状态	壁厚/mm	韦氏硬度/HW
6063	T5	所有	8
6063A	T5	≤ 10.00	10
		> 10.00	10

④外观质量

检测方法：在自然散射光条件下观察、检查。

评判标准：型材膜层应平滑、均匀、整洁，不应有流痕、皱纹、气泡、脱落等影响使用的缺陷。阳极氧化及电泳涂漆处理的型材端头 80mm 范围内允许局部无膜。

基材表面允许有轻微的压坑、碰伤、擦伤存在，其允许深度如表 5.6-4 所示；模具挤压痕的允许深度如表 5.6-5 所示。装饰面应在图样中注明，未注明按非装饰面执行。

基材表面缺陷允许深度　　表 5.6-4

状态	缺陷允许深度/mm	
	装饰面	非装饰面
T5	≤ 0.03	≤ 0.07
T4、T6、T66	≤ 0.06	≤ 0.10

模具挤压痕的允许深度　　表 5.6-5

牌号	模具挤压痕深度/mm
6005、6061	≤ 0.06
6060、6063、6063A、6463、6463A	≤ 0.03

基材端头允许有因锯切产生的局部变形，其纵向长度不应超过 10mm。

示例如图 5.6-5、图 5.6-6 所示

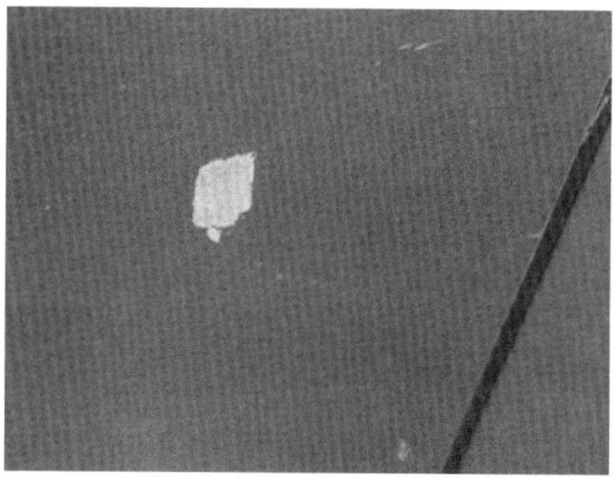

图 5.6-5　型材表面脱膜

图 5.6-6　型材表面气泡

（2）钢型材检查内容

①壁厚

检测方法：采用精度为0.02mm的游标卡尺、精度为0.1mm的金属测厚仪在杆件同一截面不同部位测量，测点不应少于5个，取最小值。

评判标准：用于立柱钢材截面的主要受力部位厚度不应小于3.0mm；用于横梁钢材截面的主要受力部位厚度不应小于2.5mm。

示例如图5.6-7所示。

图5.6-7　钢型材厚度测量

②外观质量

检测方法：在自然散射光条件下观察、检查。

评判标准：表面不得有裂纹、气泡、结疤、泛锈、夹杂和折叠。

示例如图5.6-8所示。

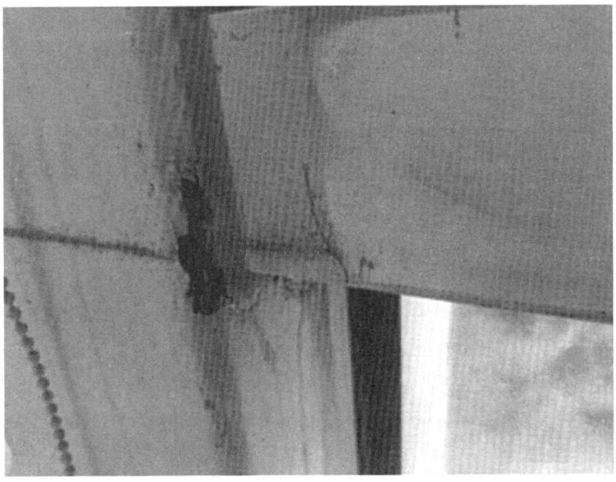

图5.6-8　钢型材表面泛锈

（3）玻璃面板/玻璃肋检查内容

①厚度

检测方法：采用精度为0.1mm的玻璃测厚仪在玻璃上随机取4点进行检测，取平均值，修约至小数点后一位。

示例如图 5.6-9、图 5.6-10 所示。

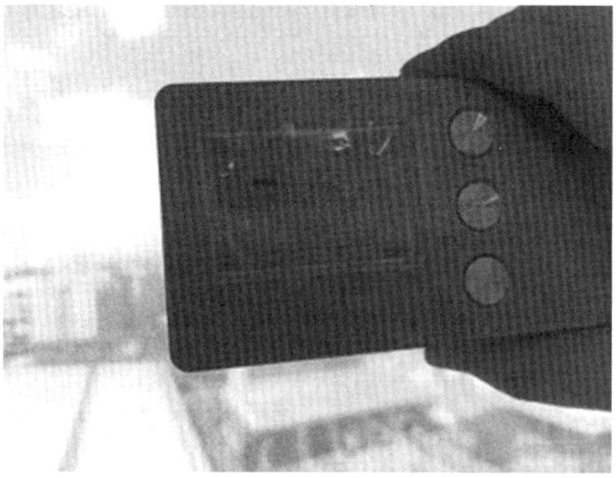

图 5.6-9　单片玻璃厚度测量

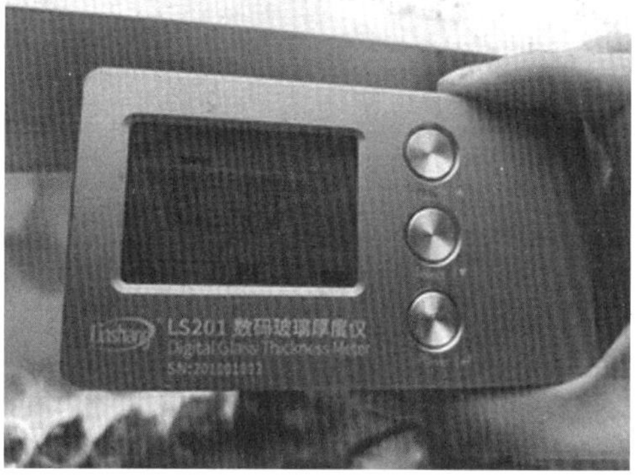

图 5.6-10　夹层玻璃厚度测量

判断标准：单片玻璃厚度不应小于 6mm，夹层玻璃的单片厚度不宜小于 5mm，夹层玻璃和中空玻璃的单片玻璃厚度相差不宜大于 3mm。玻璃肋截面厚度不应小于 12mm、截面高度不应小于 100mm，且厚度偏差满足表 5.6-6 要求。

玻璃厚度允许偏差（mm）　　表 5.6-6

玻璃厚度	玻璃种类		
	单片玻璃	中空玻璃	夹层玻璃
5	±0.2	$D<17$ 时，±1.0 $17 \leqslant D<22$ 时，±1.5 $D \geqslant 22$ 时，±2.0	干法夹层玻璃的厚度偏差不应大于构成夹层玻璃的原片厚度允许偏差和中间层材料厚度允许偏差总和。中间层总厚度小于 2mm 时，不考虑中间层的厚度偏差；中间层总厚度大于或等于 2mm 时，其厚度允许偏差为 ±0.2mm
6			
8	±0.3		
10			
12			
15	±0.5		
19	±0.6		

注：中空玻璃的公称厚度D为玻璃原片公称厚度与中空腔厚度之和。

②外观质量

检测方法：在良好自然光或散射光照条件下，距离玻璃正面约 600mm 处，观察被检玻璃表面。采用精度为 0.1mm 的读数显微镜测量缺陷尺寸。

判断标准如表 5.6-7 所示。

钢化玻璃外观质量　　表 5.6-7

缺陷名称	说明	允许缺陷数
爆边	每片玻璃每米边长上允许有长度不超过 10mm，自玻璃边部向玻璃板表面延伸深度不超过 2mm，自板面向玻璃厚度延伸深度不超过厚度 1/3 的爆边个数	1 处
划伤	宽度在 0.1mm 以下的轻微划伤，每平方米面积内允许存在条数	长度 ≤ 100mm 时 4 条

续表

缺陷名称	说明	允许缺陷数
划伤	宽度大于 0.1mm 的划伤，每平方米面积内允许存在条数	宽度 0.1～1mm，长度 ≤ 100mm 时 4 条
夹钳印	夹钳印与玻璃边缘的距离 ≤ 20mm，边部变形量 ≤ 2mm	
裂纹、缺角	不允许存在	

示例如图 5.6-11、图 5.6-12 所示。

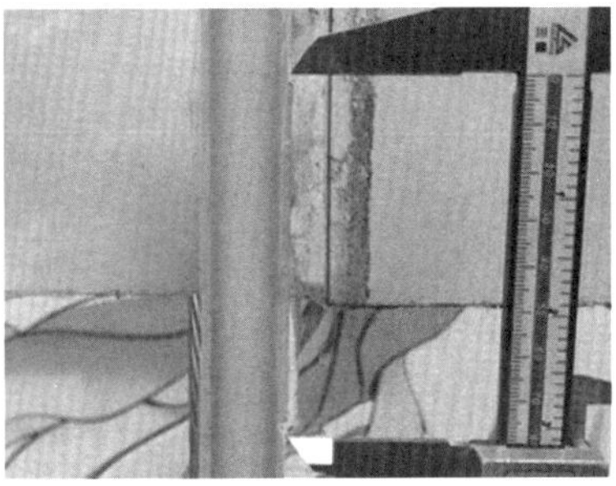

图 5.6-11　玻璃爆边

图 5.6-12　玻璃裂纹

③边部及孔边缘加工质量

检测方法：目测边缘细磨及边缘抛光情况，用精度为 0.5mm 的钢直尺测量倒棱宽度。

评判标准：玻璃边部及孔边缘可采用倒棱或三边细磨，倒棱宽度不应小于 1mm。

④点支承玻璃孔位置偏差

检测方法：采用精度为 0.02m 游标卡尺测量。

评判标准：孔边部至玻璃边部距离不应小于玻璃公称厚度的 2 倍；两孔孔边之间的距离不应小于玻璃公称厚度的 2 倍；孔的边部至玻璃角部的距离不应小于玻璃公称厚度的 6 倍；中空玻璃开孔后，应目测开孔处是否采用多道密封措施。

⑤表面应力

检测方法：采用表面应力检测仪测量，当玻璃短边长度不小于 300mm 时，在玻璃面板同一侧按图 5.6-13 取 5 测点检测玻璃表面应力；短边长度不足 300mm 时，按图 5.6-14 取 3 个测点检测玻璃表面应力。

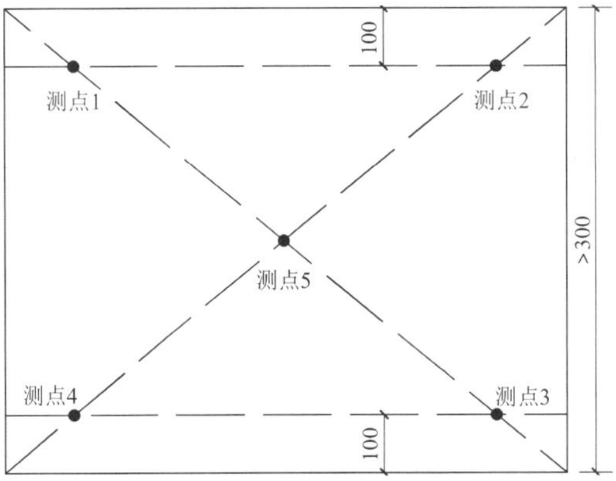

图 5.6-13　玻璃表面应力测点布置（短边 > 300mm）

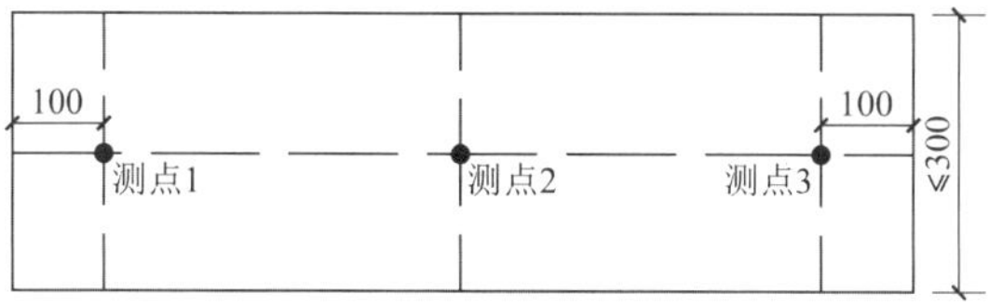

图 5.6-14　玻璃表面应力测点布置（短边 ≤ 300mm）

评定标准：测量结果为各测点的算术平均值。钢化玻璃应满足表面应力不小于 90MPa，且表面应力最大值和表面应力最小值之差不应超过 15MPa。半钢化玻璃表面应力不小于 24MPa，不大于 60MPa。

示例如图 5.6-15、图 5.6-16 所示。

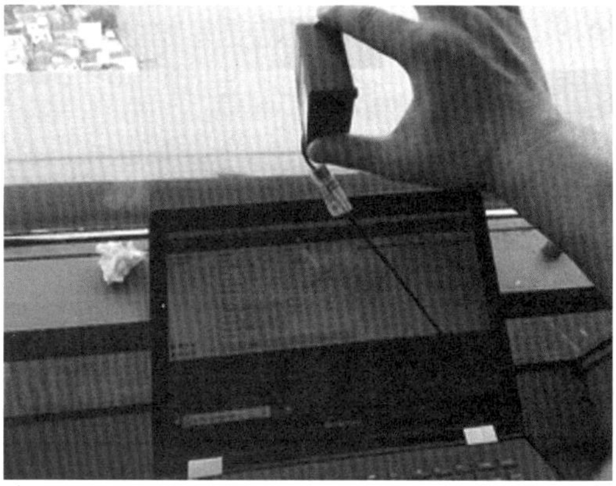

图 5.6-15　钢化玻璃表面应力测量结果

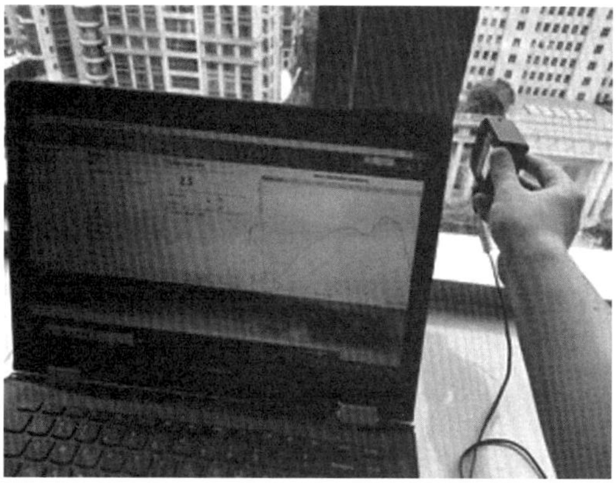

图 5.6-16　非钢化玻璃表面应力测量结果

⑥中空玻璃的玻璃及空气隔层的厚度和胶层厚度

检测方法：采用精度为 1mm 的直尺或精度为 0.05mm 的游标卡尺，在玻璃周边各取2点。

评定标准：中空层厚度不小于 9mm。胶层应双道密封，外道密封胶胶层宽度不应小于 5mm，且应满足设计要求。内道密封应采用 J 基密封胶，宽度不应小于 3mm。

（4）拉索拉杆检查内容

检查内容：表观质量、材质、规格。

检查方法：观察检查、采用精度为 0.02mm 的游标卡尺测量。

评判标准：连接件、受压杆和拉杆宜采用不锈钢材料，拉杆直径不宜小于 10mm。拉索宜采用不锈钢绞线、高强钢绞线，可用铝包钢绞线。钢绞线的钢丝直径不宜小于 1.2mm，钢绞线直径不宜小于 8mm，钢绞线表面应做防腐涂层。

拉杆不宜采用焊接；拉索可采用冷挤压锚具连接，不应采用焊接。

（5）点支承装置检查内容

点支承装置主要由驳接头、玻璃夹具、爪件 3 个构件组成。

检查内容：种类、材质，各构件连接情况，表观质量。

检查方法：观察检查、采用精度为 0.02mm 的游标卡尺测量。

判断标准：检查记录各构件种类、驳接头螺杆直径。其中驳接头与爪件连接的固定螺母不应发生松动，且应有防松脱措施；玻璃夹具不应发生松动，与玻璃接触面应设置有厚度不小于 1mm 的弹性材料衬垫或衬套。

（6）支承构件连接构造检查内容

①横梁与立柱连接节点

包括单元式幕墙的板块内横梁、立柱连接。

检查内容：连接件、螺钉及螺栓的规格、种类、数量。

检查方法：观察和手动检查，采用精度为 1mm 的钢直尺和精度为 0.02mm 的塞尺测量。

评判标准：与铝合金型材接触的螺钉、螺栓及金属配件应采用不锈钢或铝制品；螺钉、螺栓应有防松脱措施，且同一连接处不应少于 2 个；连接应牢固不松动，采用螺栓连接时可设置弹性垫片或预留 1～2mm 间隙。连接件、螺栓及螺钉规格：角码应能承受横梁的剪力，其厚度不应小于 3mm；角码与立柱之间的连接螺钉或螺栓应满足受剪和受扭承载力要求。

②单元板块间连接节点

检查内容：公母料插接深度及是否一致、拼接加强构造、拼接处防水密封胶条状态、水槽排水孔设置是否合理、十字拼接缝加强构件及密封防水构造等。

检查方法：采用精度为 0.02mm 的游标卡尺测量，采用内窥镜，用钻孔观察。

评判方法：公母料插接深度应满足设计要求，且同一拼接处不同位置插接深度应一致；拼接加强构造应满足设计要求；拼接处防水密封材料安装应平整有弹性，不应发生脱落、缺段、脱槽等缺陷；水槽排水孔设置应满足设计要求、不应发生堵塞、回流；十字拼接缝处加强构件的设置应满足设计要求，且应有防水构造。

③拉索间的连接节点

检查内容：拉索张拉力；焊接节点；紧固件。

检查方法：观察、检查，采用张拉力仪器检查拉索张拉力。

评判标准：张拉力应满足设计要求；焊接节点的焊缝应饱满、平整、光滑；紧固件应牢固且有防松脱措施。

④玻璃肋连接节点

检查内容：收口槽壁与玻璃肋的空隙；玻璃肋下端与下槽底空隙及构造。金属连接件厚度，连接螺栓种类及直径。吊夹具和衬垫材料规格、色泽和外观，及安装情况。

检查方法：观察、检查，隐蔽部位采用割除表面密封胶后，用内窥镜检查，采用游标卡尺检查螺栓直径、吊夹具、衬垫材料规格。

评判标准：收口槽壁与玻璃肋空隙不宜小于 8mm，玻璃下端与下槽底空隙应满足玻璃伸长变形要求，且应采用弹性垫块支承或填塞，垫块长度不宜小于 100mm，厚度不宜小于 10mm。

⑤立柱伸缩缝节点

检查内容：插芯材质、规格，插芯插入上下立柱的长度，上下立柱间的空隙。

检查方法：观察、检查，隐蔽部位采用内窥镜检查；采用精度为 0.02mm 的游标卡尺和精度为 1mm 的钢直尺测量。

评判方法：上下立柱间的空隙不应小于 15mm，闭口型材可采用长度不小于 250mm

的芯柱连接，芯柱与立柱应紧密配合。芯柱与上柱或下柱之间应采用机械连接方法加以固定。

⑥与主体结构连接节点

包括立柱与角码连接、角码与预埋件连接、角码与后锚固件连接、预埋件及后锚固件的安装情况、拉索（杆）及玻璃肋与主体结构的连接情况等。

检查内容：连接件、绝缘片、紧固件的规格、数量。连接件连接情况、构造及焊缝表观。

检查方法：观察，手动检查，采用精度为 1mm 的钢直尺和焊缝量规测量。

判断标准：连接件，立柱与主体结构连接支承点每层不宜少于 1 个，当每层设置两个支承点时，上支承点宜采用圆孔，下支承点宜采用长圆孔，且应安装牢固；紧固件规格、数量，每个受力连接部位的连接螺栓不应少于 2 个，且连接螺栓直径不宜少于 10mm，螺栓应有防松脱措施；绝缘片，连接件与立柱采用不同金属材料时，应采用绝缘垫片分隔或采用其他有效措施防止双金属腐蚀；连接件、埋件及焊缝表观，表面防腐层应完整、不破损。

⑦变形缝连接节点

与主体结构连接节点：连接件规格、数量、焊缝长度是否符合要求，其中单元式幕墙重点检查挂码、螺栓的防脱落措施、连接件是否锁紧。

立柱伸缩缝节点：缝长，当立柱伸缩缝缝隙小于标准（如框支承幕墙上下伸缩缝不应小于 15mm）或设计要求，应根据立柱最大温差变形值对缝长进行评估，立柱最大温差变形值按下式计算：

$$d = l \times \Delta T \times \alpha \tag{5.6-1}$$

式中：d——立柱最大温差变形值（mm）；

l——立柱在相邻伸缩缝间的长度（mm）；

ΔT——最大温度变化值，取 80℃与现场实测温度之差（℃）；

α——材料的线膨胀系数（1/℃）。

后锚固件若出现锈蚀、混凝土保护层剥落、松动等缺陷，不能保证使其承载能力或与主体结构连接的承载能力时，应进行后锚固件现场抗拔力试验，荷载检验值取单个锚栓的荷载设计值。或进行与主体结构连接现场抗拔力试验。

⑧与主体结构连接现场抗拔力试验方法

试验要点：试验过程中，与主体结构连接不应出现变形或损坏，且加压装置的荷载示值在 2min 内下降幅度不应超过 5%的检验荷载。

测点及设备：随机抽取测点进行试验，试验时测点处不应增加任何附加设施。加压装置的测力系统允许偏差为全量程的 ±2%；试验设备应能够保证所施加的拉伸荷载始终与立柱上的连接点的中心线一致，即与实际受力情况一致。检验荷载应取与主体结构连接的水平荷载设计值。

试验步骤：将试验设备安装在与主体结构连接处（图 5.6-17）。

将加载荷载均分为 10 级，每级持荷 1min，直至检验荷载，并持荷 2min；记录加压装置的荷载示值在 2min 内的下降幅度；卸载后观察与主体结构连接损坏情况。

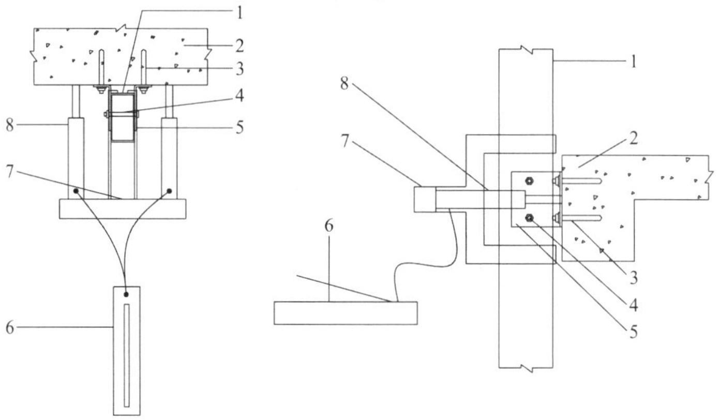

1—幕墙立柱；2—混凝土结构；3—后锚固螺栓；4—立柱螺栓；5—角码；
6—加压装置；7—反力架；8—千斤顶

图 5.6-17　与主体结构连接现场抗拔力试验示意图

3）支承构件及连接承载能力验算

（1）框支承结构的构件式和单元式幕墙的主要受力杆件立柱、横梁，应根据实际支承条件，采用正确的计算模型进行构件截面承载力验算。

应根据立柱的实际支承条件，分别按单跨梁、双跨梁或多跨铰接梁计算由风荷载或地震作用产生的弯矩，并按其支承条件计算轴向力。

承受轴力和弯矩作用的立柱，承载力验算公式如下：

$$\frac{N}{A_n}+\frac{M}{\gamma W_n}\leqslant f \tag{5.6-2}$$

式中：N——立柱的轴力设计值（N）；

M——立柱的弯矩设计值（N · mm）；

A_n——立柱的净截面面积（mm）；

W_n——立柱在弯矩作用方向的净截面抵抗矩（mm^3）；

γ——截面塑性发展系数，可取 1.05；

f——型材的抗弯强度设计值f_a或f_s（N/mm^2）。

当立柱承受轴向压力和弯矩作用时，弯矩方向的稳定性应进行验算，验算公式如下（其中长细比不宜大于 150）：

$$\frac{N}{\varphi A}+\frac{M}{\gamma W(1-0.8N/N_E)}\leqslant f \tag{5.6-3}$$

$$N_E=\frac{\pi^2 EA}{1.1\lambda^2} \tag{5.6-4}$$

式中：N——立柱的轴压力设计值（N）；

N_E——临界轴力（N）；

M——立柱的最大弯矩设计值（N · mm）；

φ——弯矩作用平面内的轴心受压的稳定系数，可按表 5.6-8 采用；

A——立柱的毛截面面积（mm）；

W——在弯矩作用方向上较大受压边的毛截面抵抗矩（mm^3）;
λ——长细比;
γ——截面塑性发展系数，可取 1.05;
f——型材的抗弯强度设计值（N/mm^2）。

轴心受压柱的稳定系数 φ　　表 5.6-8

长细比	钢型材		铝型材		
	Q235	Q345	6063-T5 6063-T4	6063-T6 6063A-T5 6063A-T6	6061-T6
20	0.97	0.96	0.98	0.96	0.92
40	0.90	0.88	0.88	0.84	0.80
60	0.81	0.73	0.91	0.75	0.71
80	0.69	0.58	0.70	0.58	0.48
90	0.62	0.50	0.63	0.48	0.40
100	0.56	0.43	0.56	0.38	0.32
110	0.49	0.37	0.49	0.34	0.26
120	0.44	0.32	0.41	0.30	0.22
130	0.39	0.28	0.33	0.26	0.19
140	0.35	0.25	0.29	0.22	0.16
150	0.31	0.21	0.24	0.19	0.14

横梁应采用双向受弯的计算模型验算横梁截面的受弯承载力和受剪承载力，其受弯承载力验算公式如下：

$$\frac{M_x}{\gamma W_{nx}}+\frac{M_y}{\gamma W_{ny}}\leqslant f \tag{5.6-5}$$

式中：M_x——横梁截面绕x轴平行于幕墙平面方向的弯矩设计值（$N \cdot mm$）;
M_y——横梁截面绕y轴垂直于幕墙平面方向的弯矩设计值（$N \cdot mm$）;
W_{nx}——横梁截面绕x轴墙平面内方向的净截面抵抗矩（mm^3）;
W_{ny}——横梁截面绕y轴垂直于墙平面方向的净截面抵抗矩（mm^3）;
γ——截面塑性发展系数，可取 1.05;
f——型材的抗弯强度设计值f_a或f_s（N/mm^2）。

横梁受剪承载力验算公式：

$$\frac{V_y S_x}{I_x t_x}\leqslant f \tag{5.6-6}$$

$$\frac{V_x S_y}{I_y t_y}\leqslant f \tag{5.6-7}$$

式中：V_x——横梁水平方向x轴的剪力设计值（N）;
V_y——横梁竖直方向y轴的剪力设计值（N）;
S_x——横梁截面绕x轴的毛截面面积矩（mm^3）;
S_y——横梁截面绕y轴的毛截面面积矩（mm^3）;
I_x——横梁截面绕x轴的毛截面惯性矩（mm^4）;
I_y——横梁截面绕y轴的毛截面惯性矩（mm^4）;
t_x——横梁截面垂直于x轴腹板的截面总宽度（mm）;

t_y——横梁截面垂直于y轴板的截面总宽度（mm）;

f——型材抗剪强度设计值f_a或f_s（N/mm²）。

（2）应分别计算梁柱连接件及螺栓、立柱与主体连接件及连接螺栓、预埋件的承载力。

（3）应通过检查焊缝质量、测量焊缝规格、验算焊缝承载能力等，对石材、铝板幕墙焊接连接（梁柱连接、立柱与主体连接）的可靠性进行评估。

（4）考虑几何非线性的有限元方法，验算点支承幕墙在各种受力状况下的拉杆强度，并验算拉索的张拉力结构刚度、整体稳定性、承载能力。对于非自平衡形式的杆索体系，应计算其对主体结构的附加作用力，并将张拉索杆体系对主体结构的附加作用力提交委托方进行建筑结构验算。

（5）玻璃肋及其连接的承载能力和构造要求，按要求分别验算玻璃肋截面高度h_r、挠度d_f。截面尺寸示意如图 5.6-18 所示。

截面高度h_r计算公式：

$$h_r = \sqrt{\frac{3\omega l h^2}{8 f_g t}} \quad (单肋) \tag{5.6-8}$$

$$h_r = \sqrt{\frac{3\omega l h^2}{4 f_g t}} \quad (双肋) \tag{5.6-9}$$

式中：h_r——玻璃肋截面高度（mm）;

ω——风荷载设计值（N/mm²）;

l——两肋之间的玻璃面板跨度（mm）;

f_g——玻璃侧面强度设计值（N/mm）;

t——玻璃肋截面厚度（mm）;

h——玻璃肋上、下支点的距离，即计算跨度（mm）。

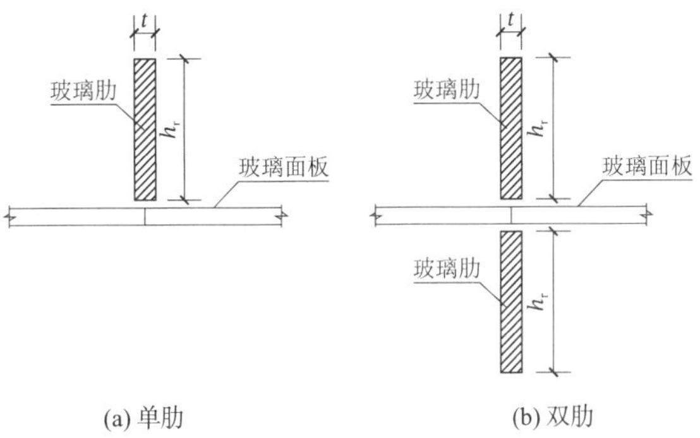

图 5.6-18　全玻幕墙玻璃肋截面尺寸示意

（6）构件承载力验算结果按表 5.6-9 进行安全性能评级。

构件（含连接）承载能力的验算评定等级　　表 5.6-9

构件类别	a_u级	b_u级	c_u级	d_u级
支承构件及连接	$R/(\gamma_0 S) \geqslant 1.0$	$1.0 > R/(\gamma_0 S) \geqslant 0.95$	$0.95 > R/(\gamma_0 S) \geqslant 0.90$	$R/(\gamma_0 S) < 0.90$

注：表中R和S分别为构件的抗力和作用效应，作用的组合、作用的分项系数及组合值系数，应按现行国家标准《建筑结构荷载规范》GB 50009 的规定执行。γ_0为结构重要性系数，应按验算所依据的标准规范确定。

幕墙金属构件腐蚀或锈蚀的安全性评定，评定范围包括支承结构铝合金构件和钢构件（钢桁架、索杆结构、索结构）、与主体结构连接铝合金和钢转接件、开启窗受力五金配件等。幕墙金属构件锈蚀、腐蚀的安全性评定，应按表 5.6-10 的规定评级。

金属构件的腐蚀、锈蚀安全性评定等级　　表 5.6-10

等级	a_u	b_u	c_u	d_u
评定标准	表面处理层完好 无腐蚀或锈蚀	表面处理层基本完好 有局部轻微腐蚀或锈蚀	表面处理层不完整 有局部明显腐蚀或锈蚀	表面处理层已破坏 有严重腐蚀或锈蚀

5.7　面板构件及连接

5.7.1　玻璃面板的检查测试

玻璃面板除了上一节检查内容外还应检查以下内容：

（1）中空玻璃是否有起雾、结露和霉变等现象。

（2）中空玻璃丁基胶是否出现明显流油或不相容现象。

（3）中空玻璃两道密封胶的外观质量，必要时可将中空玻璃分解，对两道密封胶进行手拉剥离试验，检验其粘结质量。

检查方法：在胶条做一个切割面，由该切割面沿基材面切出两个长度约 50mm 的垂直切割面，并以大于 90°方向手拉硅酮结构胶块，观察剥离面破坏情况（图 5.7-1）。

观察检查打胶质量，用精度为 1mm 的钢直尺测量胶的厚度和宽度。

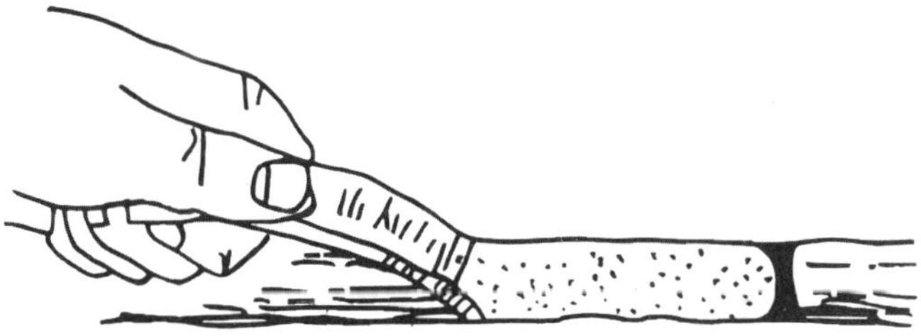

图 5.7-1　硅酮结构胶粘结情况现场检验示意图

结果判定：如果基材的粘结力合格，密封胶在拉扯过程中断裂或在剥离之前密封胶拉长到预定值。

5.7.2　金属面板的检查测试

1）外形尺寸、壁厚和板厚、外观质量

检测方法：采用精度为 0.02mm 的游标卡尺、精度为 0.1mm 的金属测厚仪在杆件同一截面不同部位测量，测点不应少于 5 个，取最小值。

评判标准：单层铝板厚度不应小于 2.5mm。铝塑复合板上下两层铝合金板厚度均应为 0.5mm；蜂窝铝板应根据幕墙使用年限和耐久年限要求，分别选用厚度为 10mm、12mm、15mm、20mm 和 25mm，正面铝合金板厚度应为 1mm，背面厚度应为 0.5～0.8mm（10mm 厚蜂窝铝板）或 1mm（其他厚度）。

2）外观质量应按金属板材的损坏情况确定

检查方法：观察目测，采用精度为 0.1mm 的读数显微镜测量缺陷尺寸。

评判标准：表面应平整，站在距离幕墙表面 3m 处肉眼观察，不应有可觉察的变形、波纹或局部压砸等缺陷。金属板的表面质量应满足表 5.7-1 要求。

金属板表面质量　　表 5.7-1

项目	质量要求
0.1～0.3mm 宽划痕	长度小于 100mm 不多于 8 条
擦伤	不大于 $500mm^2$

5.7.3　石材的检查测试

1）石材品种、厚度、外观质量、边缘处理情况

检查方法：观察、检查，采用精度为 0.02mm 的游标卡尺测量。

评判标准：幕墙石材宜采用火成岩，吸水率应小于 0.8%；表面应采用机械加工，加工后表面应用高压水清洗或用水和刷子清理，严禁用溶剂型的化学清洁剂清洗。石材厚度不应小于 25mm。

2）石材和人造外墙板的外观质量

采用目视观察的方法，除连接部位外，其他部位崩边不大于 5mm × 20mm，或缺角不大于 20mm 时可修补后使用，每层修补石板块数不应大于 2%。

3）石板加工情况检查

检查内容：连接部位加工情况，钢销孔位加工情况及孔分布，通槽室石材的通槽宽度及支撑板厚度，短槽式石材的短平槽长度、深度、宽度及支撑板厚度。

检查方法：观察检查，拆卸板块后，采用精度为 1mm 钢直尺/卷尺或精度为 0.02mm 游标卡尺测量。

判断标准：石板连接部位应无崩坏、暗裂等缺陷；钢销孔位距离边端不得小于石板厚度的 3 倍，也不得大于 180mm；钢销间距不宜大于 600mm，边长不大于 1.0m 时，每边应设 2 个钢销，大于 1.0m 时应采用复合连接。

钢销孔深度宜为 22～33mm，孔的直径宜为 7mm 或 8mm，钢销直径宜为 5mm 或 6mm，钢销长度宜为 20～30mm；钢销孔边石材不得有损坏或崩裂现象，孔内应光滑、洁净。

石板通槽宽度宜为 6mm 或 7mm，开槽后石板不得有损坏或崩裂，槽口应打磨呈 45°倒角。

石板短槽长度不应小于 100mm，有效长度内槽深度不宜小于 15mm，宽度宜为 6mm、7mm，弧形槽有效长度不应小于 80mm。

不锈钢支撑板厚度不宜小于 3.0mm，铝合金支撑板厚度不宜小于 4.0mm。

4）特殊部位石材检查

检查内容：转角石材支撑件规格；单元石板幕墙采用的 T 形或 L 形连接件的规格。

检查方法：拆卸板块后，采用精度为 1mm 钢直尺/卷尺或精度为 0.02mm 游标卡尺测量。

判断标准：不锈钢支撑件厚度应不小于 3mm；铝合金型材专用件壁厚不应小于 4.5mm，连接部位壁厚不应小于 5mm。单元石材的 T 形连接件最小厚度不应小于 4.0mm，L 形连接

件最小厚度不应小于 4.0mm，且应满足设计要求。

5）弯曲强度试验

应在幕墙的适当部位抽取石材或人造外墙板样品按下列方法进行。

试件选取：现场切取尺寸为：(350 ± 1) mm × (100 ± 1) mm × (30 ± 0.3) mm，或采用实际厚度H，长度为 $10H + 50$mm，宽度为 100mm。试件表面不应有裂纹、缺棱和缺角等影响试验的缺陷。

试件数量：每种试验条件下每个层理方向的试样为一组，每组试样数量为 5 块。通常试样的受力方向应与实际应用一致。

试件处理：试件上下受力面应经切锯、研磨或抛光，达到平整且平行。侧面可采用锯切面，正面与侧面夹角应为 90° ± 0.5°。

试件受力方向、层理布置及支点标记：下支座跨距L为 $10H$，上支座间的距离为 $5H$，呈中心对称分布。

1）弯曲强度试验测试步骤

干燥弯曲强度：

（1）将试样在（65 ± 5）℃的鼓风干燥箱内干燥 18h，然后放入干燥器中冷却至室温。

（2）调节支座之间的距离到规定的跨距要求。按照试件上标记的支点位置将其放在上下支座之间，试样和支座受力表面应保持清洁。装饰面应朝下放在支架下支座上，使加载过程中试样装饰面处于弯曲拉伸状态。

（3）以（0.25 ± 0.05）MPa/s 的速率加载直至试样破坏，记录试样破坏位置和形式及最大载荷值F，读数精度不低于 10N。

（4）采用精度为 0.1mm 的游标卡尺测量试样断裂面的宽度K和厚度H，精确至 0.1mm。

2）水饱和弯曲强度

（1）将试样侧立置于恒温水箱中，试样间隔不小于 15mm，试样底部垫圆柱状支撑。加入自来水（20 ± 10）℃到试样高度的一半，静置 1h；然后继续加水到试样高度的四分之三，静置 1h；继续加满水，水面应超过试样高度（25 ± 5）mm。

（2）试样在清水中浸泡（48 ± 2）h 后取出，用拧干的湿毛巾擦去试样表面水分，按干燥弯曲强度进行弯曲强度试验。

弯曲强度计算：

$$P_A = \frac{3FL}{4KH^2} \tag{5.7-1}$$

5.7.4　人造板材检查

1）陶板

检查内容：种类，规格，厚度，弯曲强度，吸水率。

检查方法：采用精度不大于 0.5mm 的钢卷尺和精度为 0.2mm 的游标卡尺测量规格、厚度，采用相对误差不大于 1%的弯曲强度试验机测量弯曲强度。

弯曲强度检查步骤：

（1）试验试样数量 10 根。

（2）将试样置于温度为（110 ± 5）℃的烘箱中，烘干至恒重，然后放入干燥器中冷却至室温。

（3）将试样安放在支撑刀口上，调整支撑刀口间距，使支撑刀口以外试样的长度为10mm，两个支撑刀口必须在同一平面内且互相平行，并使加荷刀口位于两支撑刀口的正中。

（4）开始加载，刀口与试样不得产生冲击力，以平均10～50N/s的速度等速加载，直至试样破坏，记录最大载荷。

（5）测量记录断裂处的宽度和厚度，精确至0.1mm。

（6）结果计算及数据处理。

抗弯强度按下式计算：

$$\sigma_f = \frac{3FL}{2bh^2} \tag{5.7-2}$$

式中：σ_f——抗弯强度（MPa）；

F——试样断裂时的负荷（N）；

L——支撑刀口的距离（mm）；

b——试样断口处的宽度（mm）；

h——试样断口处的厚度（mm）。

数据处理最大相对偏差大于10%时，舍去相对偏差最大的试样，然后将剩余值再计算，直至符合规定为止，最大相对偏差按下式计算：

$$R(\%) = \frac{\left|A_{max}(A_{min}) - \overline{A}\right|}{\overline{A}} \tag{5.7-3}$$

式中：R——最大相对偏差（%）；

A_{max}——最大值；

A_{min}——最小值；

$\overline{A}$——平均值。

用有效样品的算术平均值作为该试样的抗弯强度值，数据修约到0.1MPa。

（7）评判标准如表5.7-2所示。

陶板要求 表5.7-2

项目		技术指标		
		AⅠ类	AⅡa类	AⅡb类
吸水率（E）平均值/%		$E \leqslant 3$	$3 < E \leqslant 6$	$6 < E \leqslant 10$
弯曲强度/MPa	平均值	≥23	≥13	≥9
	最小值	≥18	≥11	≥8

2）瓷板弯曲强度试验

（1）设备及量具

烘箱：能在（110±5）℃下工作的烘箱。能取得相同结果的微波、红外线或其他干燥系统都可用。

加载设备：能够连续平稳地加载（拉力和压力），加载速度可调的加载设备。试样破坏负荷应在设备示值的 20%～90%范围内。

游标卡尺：分辨率为 0.02mm。

（2）试样

数量：进行弯曲强度试样，每组 7 个，其中 2 试样备用。

规格：试样长度$L = 300$mm，试样宽度$K = 300$mm，厚度保持瓷板厚度；对于非矩形瓷板，应切割成可能最大尺寸的矩形试样。长度和宽度尺寸允许偏差：±1.0mm。

表面质量：试样的正面、背面和侧面，不得有裂纹、边磕碰、角磕碰、缺棱和缺角，其他表面缺陷。

（3）试验步骤

首先将加工好的瓷板试样用清水冲洗干净，并用硬刷刷去瓷板所有表面的粉尘、颗粒。

然后将清洁好的瓷板试样放入（110 ± 5）℃的箱中干燥至恒重，即间隔 24h 连续两次称量的差值不大于 0.1%。然后将试样放置在密闭的烘箱或干燥器中冷却至室温。采用干燥器冷却时，干燥器中宜放入硅胶或其他合适的干燥剂，严禁使用酸性干燥剂。

再按照图 5.7-2 将试样放置于支撑棒上，使瓷板正面向上。对于矩形瓷板，应以其长边垂直于支撑棒放置；正面有凸纹浮雕的瓷板，应在与中心棒接触位置垫上一层橡胶板。

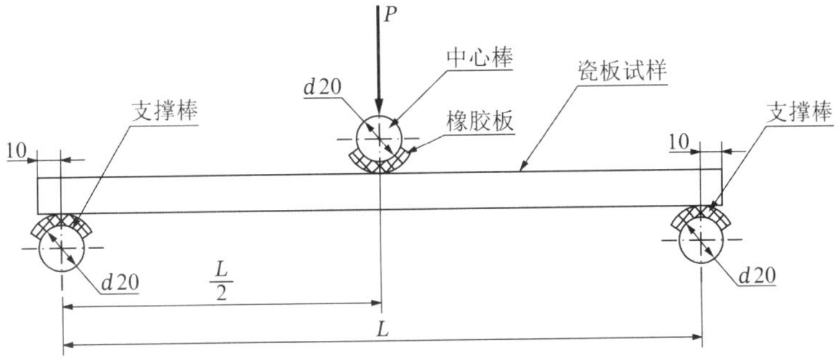

图 5.7-2　瓷板弯曲强度试验示意图

最后以 0.5mm/min 的速率对试样均匀增加荷载直至试样断裂，记录试样断裂时的荷载值P，精确到 10N。

（4）结果表示

试验数据应符合以下规定：计算弯曲强度平均值至少需要 5 个有效试验结果。只有在宽度与中心棒直径相等的中间部位断裂的试样，其断裂荷载值才能用来计算弯曲强度平均值。

弯曲强度应符合以下规定：

单个试样的弯曲强度计算数值修约到 0.1N/mm^2。

$$R = \frac{3PL}{2Kh^2} \tag{5.7-4}$$

式中：R——试样的弯曲强度（N/mm^2）；

P——试样的有效断裂荷载值（N）；

L——支撑棒之间的距离（mm）；

K——试样的宽度（mm）；

h——试验后，沿试样断裂边测得的试样断面的最小厚度（mm）。

检验批的弯曲强度以每组试样弯曲强度的算术平均值R和单块试样的最小值R_{min}表示，数值修约到 0.1N/mm²。

评判标准如表 5.7-3 所示。

瓷板力学性能　　表 5.7-3

项目	要求
弯曲强度/（N/mm²）	平均值$R \geqslant 30.0$；最小值$R_{min} \geqslant 27.0$

3）微晶玻璃弯曲强度试验

（1）试样尺寸及数量：裁取长度为 100mm，宽度为$(16h+40)$mm，厚度为h（试件原本厚度），数量为 6 块。

（2）试验方法：采用图 5.7-3 所示的三点弯曲方式进行试验，两支撑和中间的加载辊直径均为 10mm，跨距为试件厚度的 16 倍。用最小分度值不大于 0.02mm 的量器具测量试件中部的宽度和厚度，试件居中放置，以 5mm/min 的速度匀速加载，直至试件断裂，记录最大荷载。按下式计算弯曲强度。以所有试件弯曲强度的算术平均值作为试验结果。

$$B=\frac{3PL}{2bh^2} \tag{5.7-5}$$

式中：B——弯曲强度（MPa）；

P——最大荷载（N）；

L——跨距（mm）；

b——试件宽度（mm）；

h——试件厚度（mm）。

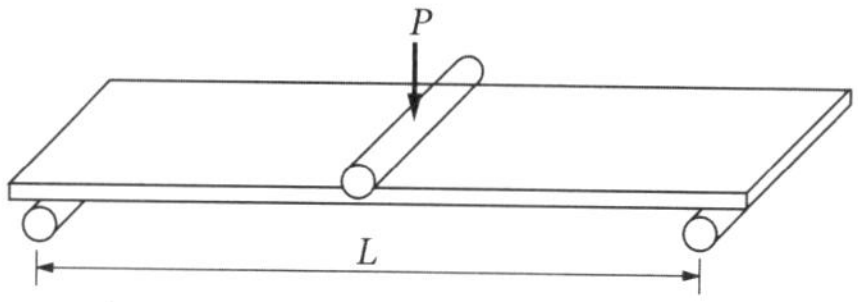

图 5.7-3　三点弯曲试验示意图

评判标准如表 5.7-4 所示。弯曲强度不小于 30.0N/mm²。

微晶玻璃板力学性能　　表 5.7-4

项目	要求
弯曲强度/（N/mm²）	$\geqslant 30.0$

4）石材蜂窝板弯曲强度试验

（1）试样选取

尺寸规格：100mm × 800mm（宽 × 长）；数量：9 块。

（2）试验设备

加载压头及支座见图 5.7-4。加载压头垫块平面部分宽度应满足 10mm $\leqslant W \leqslant$ 30mm。

支座处可以自由转动的垫块，平面部分的宽度应满足 $10\text{mm} \leqslant W \leqslant 20\text{mm}$，平面部分的长度应大于试样宽度。

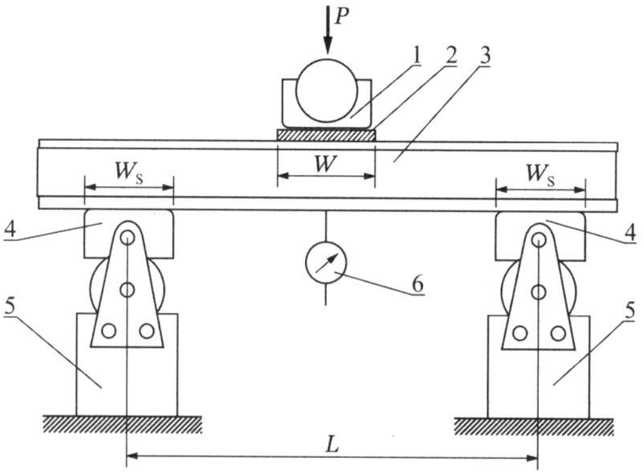

1—加载压头垫块；2—橡胶垫片；3—试样；4—支座垫块；5—支座；
6—位移传感器；P—加载载荷；W—加载压头垫块宽度；W_s—支座垫块宽度；L—支承跨距

图 5.7-4　三点弯曲试验装置示意图

硬质橡胶垫片：尺寸不小于压头垫块，厚度为 3～5mm，其长度应覆盖试样宽度。

位移传感器等变形测量设备：精度为 0.01mm。

游标卡尺等尺寸测量设备：精度为 0.01mm。

（3）试验步骤

首先将试样编号，测量试样跨距内任意三处的宽度和厚度，取算术平均值。

然后按选定跨距调整支座，跨中安装位移传感器，见图 5.7-5。

再分别按 1～2mm/min、5～10mm/min 加载速度进行测定表观弯曲强度、表观弯曲模量，直至试件破坏。

（4）结果整理

首先石材蜂窝板中和轴位置计算，如图 5.7-5 所示。

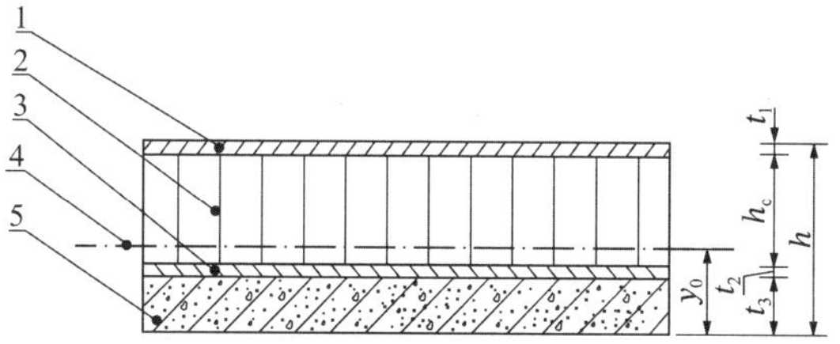

1—蜂窝板面板，厚度为 t_1（mm）；2—铝蜂芯，厚度为 h_c（mm）；
3—与石材面板粘结的蜂窝板面板，厚度为 t_2（mm）；
4—石材蜂窝板中和轴，石材表面到石材蜂窝板中和轴距离为 y_0（mm）；5—石材面板，厚度为 t（mm）

图 5.7-5　石材蜂窝板截面

然后计算中和轴位置：

$$y_0 = \frac{t_3E_3\dfrac{t_3}{2} + t_2E_2\left[h_c + t_3 + \dfrac{t_2}{2}\right] + t_1E_1\left[h_c + t_2 + t_3 + \dfrac{t_1}{2}\right]}{t_1E_1 + t_2E_2 + t_3E_3} \tag{5.7-6}$$

式中：E_1、E_2——蜂板两边面板的弹性模量（MPa）；

E_3——石材面板的弹性模量（MPa）。

再计算弯曲刚度：

$$D = \frac{L^2 \cdot a \cdot \Delta P}{16 f_1} \tag{5.7-7}$$

式中：D——夹层结构的弯曲刚度（$N \cdot mm^2$）；

a——外伸臂长度（mm）；

ΔP——荷载-挠度曲线初始段的荷载增量值（N）；

f_1——对应ΔP的外伸点的挠度增量值，取左右两点的平均值（mm）。

最后计算蜂窝铝板石材面弯曲强度：

$$\sigma = \frac{P l E_3 y_0}{4D} \tag{5.7-8}$$

式中：σ——弯曲强度（MPa）；

P——石材断裂时的荷载（N）；

l——跨距（mm）。

评判标准如表 5.7-5 所示。

蜂窝板力学性能 **表 5.7-5**

项目		要求
弯曲强度/MPa	花岗石	≥ 8.0
	砂岩、大理石、石灰石	≥ 4.0
弯曲刚度/（$N \cdot mm^2$）	铝蜂窝板	$\geqslant 1.0 \times 10^9$
	钢蜂窝板	$\geqslant 1.0 \times 10^9$
	玻纤蜂窝板	$\geqslant 1.5 \times 10^9$

5.7.5 面板连接构造的检查

面板连接构造的检查应符合下列规定：

（1）现场检查位置应覆盖转角、边角部位。

（2）明框幕墙面板应检查面板的嵌入量（垫块的尺寸及数量）、面板固定状况（玻璃压条、螺钉的规格、间距）。

检查方法：拆除表面装饰条观察检查，采用精度为 1mm 钢直尺或精度为 0.5mm 的游标卡尺测量。

评判标准：压板/压条截面受力部分的厚度不应小于 2.0mm，且不宜小于压板宽度的 1/35。压板尺寸应满足设计要求。玻璃下边缘与下边框槽底之间应采用硬橡胶垫块衬托，垫块数量应为 2 个，厚度不应小于 5mm，每块长度不应小于 100mm。

明框玻璃幕墙玻璃下部垫块尺寸若小于标准要求，可通过检查玻璃与横梁的间隙、玻璃与横梁是否发生接触等对其进行评估。

（3）隐框、半隐框玻璃幕墙应检查面板固定压块（勾块）和金属板幕墙面板固定耳板的规格、数量及固定状况，下端托条规格及数量；中空玻璃的二道密封胶的有效粘结宽度，结构胶宽度。

检查方法：切除清理表面耐候胶和泡沫棒后，观察检查，及采用高度为 1mm 的钢直尺或精度为 0.02mm 游标卡尺测量。

评判标准：固定压块或固定耳板不应有松动、变形和损坏等现象，压块（勾块）或耳板及紧固件规格、间距满足设计要求且间距不宜大于 300mm。玻璃下端托条的规格应能承受该分隔玻璃的重力荷载作用，且其长度不应小于 100mm、厚度不应小于 2mm、高度不应超出外表面，中空玻璃的托条应能托住外片玻璃；托条上应设置有衬垫。中空玻璃的二道密封胶的有效粘结宽度不应小于 5mm，厚度不宜小于 9mm；结构胶宽度不宜小于 6mm。

（4）单元式玻璃幕墙的玻璃连接构造检查：

①应清除局部双面贴或胶条，检查硅酮结构密封胶的注胶尺寸、外观质量和邵氏硬度。

②如硅酮结构胶邵氏硬度值（Shore A）大于 60 或小于 20，应参照现行行业标准《建筑幕墙工程检测方法标准》JGJ/T 324 规定的现场等效静载法进行玻璃面板荷载试验。

（5）全玻璃幕墙的玻璃连接构造检查：

检查内容：吊挂式全玻璃幕墙的玻璃与上端吊挂夹具的连接构造；下端支承全玻幕墙玻璃与上、下端槽口以及吊挂式全玻幕墙的玻璃与下端槽口的连接构造；玻璃与槽口的镶嵌尺寸、垫块的设置情况是否符合要求；检查硅酮结构密封胶的注胶尺寸、外观质量、粘结质量。必要时可参照现行行业标准《建筑幕墙工程检测方法标准》JGJ/T 324 规定的现场等效静载法进行玻璃面板荷载试验。

检查方法：观察检查，采用精度为 1mm 的钢直尺或精度为 0.02mm 游标卡尺测量。

评判标准：玻璃与槽口的镶嵌空隙均不宜小于 8mm，垫块长度不宜小于 100mm、厚度不宜小于 10mm，且应满足设计要求，不得采用硬性材料填充固定。吊夹与主体结构之间应设置刚性水平传力结构。

（6）点支承玻璃幕墙的面板支承连接构造检查：观察和手动检查驳接头、爪件等点支承装置有无松动、变形和损坏现象。

（7）石材幕墙和人造板材幕墙的面板连接构造检查：

检查内容：面板的钢销、铝合金挂件、背栓、不锈钢挂件等连接件数量、规格及安装质量。

检测方法：观察和手动检查，采用精度为 1mm 的钢直尺或精度为 0.02mm 的游标卡尺测量。

评判标准：连接件应安装牢固，无松动、变形和损坏现象发生，连接部位应无崩坏、暗裂等缺陷；不锈钢钢销直径宜为 5mm 或 6mm，钢销长度宜为 20～30mm。不锈钢支撑板厚度不宜小于 3.0mm，铝合金支撑板不宜小于 4.0mm。

在适当部位抽取石材或人造外墙板样品，参照现行国家标准《天然石材试验方法 第 7 部分：石材挂件组合单元挂装强度试验》GB/T 9966.7 进行面板挂件挂装强度试验。

5.7.6 硅酮密封胶

（1）检查外观质量、注胶状态及尺寸、粘结性、相容性

检测批次划分：按幕墙类型和构造、材料类型、功能和受力特点、建造年份划分硅酮密封胶批次。

检测单元选取：兼顾工程各个立面，宜选取日晒时间较长、受风压较大和受力最不利部位的板块。

注胶状态及尺寸检测方法：切开后目测，并采用精度为 0.02mm 的游标卡尺对结构胶的粘结宽度、厚度进行测量，对检测单元每边进行测量，每边应至少选取 3 个测点并取平均值。

评判标准：颜色应一致无变化，密封胶表面应光滑，不得有裂缝，接口处厚度和颜色应一致，注胶应饱满、平整、密封、无缝隙。结构密封胶粘结宽度不应小于 7mm；厚度不应小于 6mm。粘结宽度宜大于厚度，但不宜大于厚度的 2 倍。隐框玻璃幕墙的硅酮结构胶粘结厚度不应大于 12mm，且结构胶粘结宽度、厚度应满足设计要求。

（2）检查邵尔 A 硬度

检测方法：现场取样后，实验室检测，样品厚度不应小于 6mm。采用精度为 1 的邵尔 A 硬度计测量，检测室每个测点距离样品边缘不应小于 12mm，测点与测点之间距离不应小于 6mm。每个粘结材料均应测量 5 个硬度值，取中值为检测结果。

评判标准：结构胶硬度数值应在 20～60 范围内。

（3）粘结材料成分检测

检测方法：红外光谱法分析，每个检测单元取不少于 1 个测点位置，切取测点处粘结材料，将取得的材料去除表皮并切碎，称取（20 ± 2）g 为一个样品，应取 3 个样品分别测试。将样品放入光谱仪扫描，每个样品扫描 3 次，记录红外线吸收光谱和相关特征波长。

评判标准：不同粘结材料红外线吸收光谱谱图典型特征应符合表 5.7-6。

不同粘结材料红外线吸收光谱谱图典型特征　　表 5.7-6

粘结材料种类	红外线吸收光谱谱图典型特征
硅酮类	$1260cm^{-1}$ 附近出现 Si-CH_3 吸收峰；1130～$1011cm^{-1}$ 处出现 Si-O-Si 的伸缩振动吸收峰；$2962cm^{-1}$ 附近出现 CH_3 的 C-H 非对称吸收峰
聚硫类	$742cm^{-1}$ 附近出现 C-S 键伸缩振动峰；1405～$1115cm^{-1}$ 附近出现与 S 相连的亚甲基-CH_2-振动峰
聚酯类	$1730cm^{-1}$ 附近出现 C═O 特征峰
聚醚类	$1100cm^{-1}$ 附近出现—O—特征峰

（4）检查胶与基材粘结质量

检查硅酮结构胶本身的内聚性断裂破坏还是结构胶与基材粘结面的粘结破坏。

隐框、半隐框玻璃幕墙的硅酮结构胶检查方法：在胶条做一个切割面，由该切割面沿基材面切出两个长度约 50mm 的垂直切割面，并以大于 90°方向手拉硅酮结构胶块，观察剥离面破坏情况（图 5.7-6）。

观察检查打胶质量，用精度为 1mm 的钢直尺测量胶的厚度和宽度。

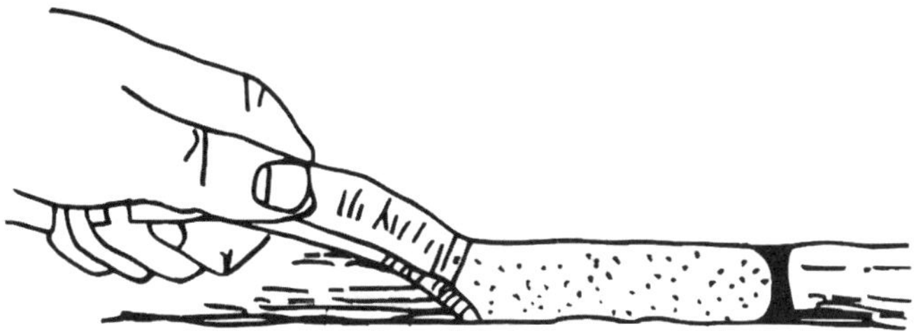

图 5.7-6　隐框、半隐框玻璃幕墙的硅酮结构胶粘结情况现场检验示意

全玻璃幕墙的硅酮结构胶粘结质量检测方法：采用刀片沿接缝一边的宽度方向水平切割密封胶，直至接缝的基材面。再在水平切口处沿胶与基材粘结缝的两边垂直切割约 75mm 长度。最后捏紧密封胶 75mm 长的一端，以成 90°角拉扯剥离密封胶（图 5.7-7）。

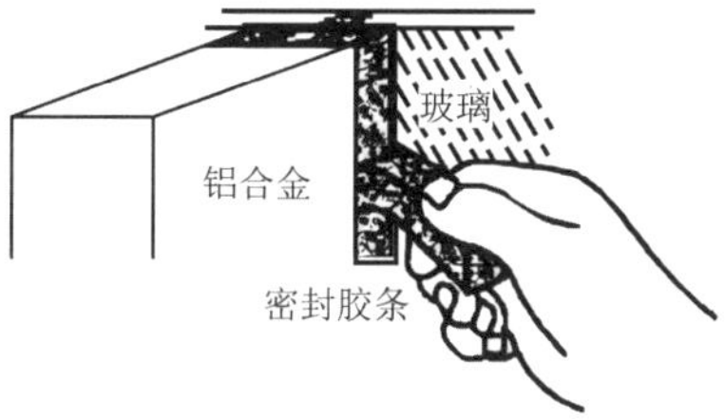

图 5.7-7　全玻璃幕墙的硅酮结构胶粘结情况现场检验示意

结果判定：如果基材的粘结力合格，密封胶在拉扯过程中断裂或在剥离之前密封胶拉长到预定值。

（5）检查粘结物理力学性能

检测方法：目测外观，观察硅酮胶与基材有无脱粘现象，采用精度为 0.5mm 的游标卡尺测量记录结构胶宽度、厚度和切割长度，不同位置测量 2 次，取平均值；采用精度不大于 1N 的拉拔仪测量结构胶粘结强度；采用精度为 1mm 的透明网格。

检测步骤：

①选定玻璃板块，拆卸并置于平整地面处。副框应进行垂直于玻璃面板方向切割，切割长度L应为（50 ± 5）mm，切割深度应确保切断硅酮结构胶但不破坏玻璃面板，如图 5.7-8 所示。玻璃板块一边最多可取一处进行切割，每个玻璃板块最多可取 3 个位置进行切割。

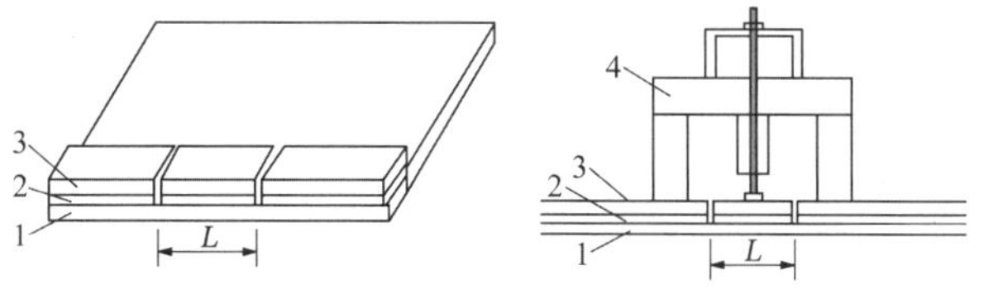

(a) 试件　　(b) 加载示意

1—玻璃；2—结构胶；3—铝附框；4—拉拔仪

图 5.7-8　拉伸粘结强度现场检测试件

②测量记录硅酮胶的宽度、厚度和切割长度。

③使用拉拔仪对被切割开的副框拉伸加载直至结构胶发生破坏，拉伸速度宜为 5～6mm/min，记录结构胶破坏时的状态和最大拉力P。

④当发生粘结面破坏时，采用透明网格统计剥离粘结破坏面积。

⑤发生内聚破坏时，计算拉伸粘结强度（取 3 个试件检测结果的平均值为该单元板块结构胶拉伸粘结强度的检测值）：

$$\sigma_{Si}=\frac{P_i}{L\times W} \tag{5.7-9}$$

式中：σ_{Si}——硅酮结构胶拉伸粘结强度（MPa）；

P_i——拉拔仪最大拉力（N）；

L——切割长度（mm）；

W——硅酮结构胶的宽度（mm）。

判断标准：粘结破坏面积应不大于 5%，结构胶的拉伸粘结强度应不小于 0.6MPa。

5.7.7 面板构件及连接承载能力验算

面板构件及连接承载能力验算应符合下列规定：

（1）玻璃面板承载能力的验算，按框支承、点支承和玻璃肋支承等不同的面板支承形式，选取处于最不利状态下的面板（尺寸最大、厚度最小、风压最大等状态），分别进行玻璃面板截面的最大应力验算，如果不确定最不利状态，应对多种工况玻璃分别计算，以应力最大的为最不利板块。

（2）框支承单片玻璃承载力验算。

最大应力标准值可按考虑几何非线性的有限元方法计算，也可按下列公式计算：

$$\sigma_{wk}=\frac{6m\omega_k a^2}{t^2}\eta \tag{5.7-10}$$

$$\sigma_{Ek}=\frac{6mq_{Ek}a^2}{t^2}\eta \tag{5.7-11}$$

$$\theta=\frac{\omega_k a^4}{Et^4}\text{或}\theta=\frac{(\omega_k+0.5q_{Ek})a^4}{Et^4} \tag{5.7-12}$$

式中：θ——参数；

σ_{wk}、σ_{Ek}——风荷载、地震作用下玻璃截面的最大应力标准值（N/mm^2）；

ω_k、q_{Ek}——垂直于玻璃幕墙平面的风荷载、地震作用标准值（N/mm^2）；

a——矩形玻璃板材短边边长（mm）；

t——玻璃的厚度（mm）；

E——玻璃的弹性模量（N/mm^2）；

m——弯矩系数，可由玻璃板短边与长边边长之比a/b按表 5.7-7 采用；

η——折减系数，可由参数θ按表 5.7-8 采用。

四边支承玻璃板的弯矩系数 m 表 5.7-7

a/b	0	0.25	0.33	0.40	0.50	0.55	0.60	0.65
m	0.1250	0.1230	0.1180	0.1115	0.1000	0.0934	0.0868	0.0804
a/b	0.70	0.75	0.80	0.85	0.90	0.95	1.00	—
m	0.0742	0.0683	0.0628	0.0576	0.0528	0.0483	0.0442	—

折减系数 η　　　　表 5.7-8

θ	≤5.0	10.0	20.0	40.0	60.0	80.0	100.0
η	1.00	0.96	0.92	0.84	0.78	0.73	0.68
θ	120.0	150.0	200.0	250.0	300.0	350.0	≥400.0
η	0.65	0.61	0.57	0.54	0.52	0.51	0.50

（3）夹层玻璃承载力计算。

①选取最不利状态板块，先检查夹层粘结胶片是否有效，若失效则应按单片玻璃计算。

②分配该板块承受的风荷载和地震作用到 2 片玻璃上：

$$\omega_{k1}=\omega_k\frac{t_1^3}{t_1^3+t_2^3}\qquad \omega_{k2}=\omega_k\frac{t_2^3}{t_1^3+t_2^3} \tag{5.7-13}$$

$$q_{Ek1}=q_{Ek}\frac{t_1^3}{t_1^3+t_2^3}\qquad q_{Ek2}=q_{Ek}\frac{t_2^3}{t_1^3+t_2^3} \tag{5.7-14}$$

式中：ω_k——作用于夹层玻璃上的风荷载标准值（N/mm^2）；

ω_{k1}、ω_{k2}——分配到各单片玻璃的风荷载标准值（N/mm^2）；

q_{Ek}——作用于夹层玻璃上的地震作用标准值（N/mm^2）；

q_{Ek1}、q_{Ek2}——分配到各单片玻璃的地震作用标准值（N/mm^2）；

t_1、t_2——各单片玻璃的厚度（mm）。

③按单片玻璃计算方法计算各单片玻璃的最大应力。

（4）中空玻璃承载力计算。

①选取最不利状态板块，先检查中空层结构胶是否有效，若失效则应按单片玻璃计算。

②分配该板块承受的风荷载到 2 片玻璃上：

$$\omega_{k1}=1.1\omega_k\frac{t_1^3}{t_1^3+t_2^3}\qquad \omega_{k2}=\omega_k\frac{t_2^3}{t_1^3+t_2^3} \tag{5.7-15}$$

作用于中空玻璃上的地震作用标准值q_{Ek1}、q_{Ek2}按单片玻璃的自重分别计算。

式中：ω_k——作用于夹层玻璃上的风荷载标准值（N/mm^2）；

ω_{k1}、ω_{k2}——分配到直接承受风荷载作用的单片玻璃和不直接承受风荷载作用的单片玻璃的风荷载标准值（N/mm^2）；

t_1、t_2——各单片玻璃的厚度（mm）。

③按单片玻璃计算方法计算各单片玻璃的最大应力。

（5）四点支承玻璃面板承载力计算。

最大应力标准值可按考虑几何非线性有限元方法计算，也可按下列公式计算：

$$\sigma_{wk}=\frac{6m\omega_k b^2}{t^2}\eta \tag{5.7-16}$$

$$\sigma_{Ek}=\frac{6mq_{Ek}b^2}{t^2}\eta \tag{5.7-17}$$

$$\theta=\frac{\omega_k b^4}{Et^4}\text{或}\theta=\frac{(\omega_k+0.5q_{Ek})b^4}{Et^4} \tag{5.7-18}$$

式中：θ——参数；

σ_{wk}、σ_{Ek}——风荷载、地震作用下玻璃截面的最大应力标准值（N/mm^2）；

ω_k、q_{Ek}——垂直于玻璃幕墙平面的风荷载、地震作用标准值（N/mm^2）；

b——支承点间玻璃面板长边边长（mm）；

t——玻璃的厚度（mm）；

E——玻璃的弹性模量（N/mm^2）；

m——弯矩系数，可由支承点间玻璃短边与长边边长之比a/b按表 5.7-9 采用；

η——折减系数，可由参数θ按表 5.7-8 采用。

四点支承玻璃板的弯矩系数 m　　表 5.7-9

a/b	0	0.25	0.33	0.40	0.50	0.55	0.60	0.65
m	0.125	0.126	0.127	0.129	0.130	0.132	0.134	0.136
a/b	0.70	0.75	0.80	0.85	0.90	0.95	1.00	—
m	0.138	0.140	0.142	0.145	0.148	0.151	0.154	—

注：a为支承点之间的短边边长。

判断标准：玻璃面板承载力应不大于玻璃的强度设计值（表 5.7-10）。

玻璃的强度设计值　　表 5.7-10

种类	厚度/mm	大面	侧面
普通玻璃	5	28.0	19.5
浮法玻璃	5～12	28.0	19.5
	15～19	24.0	14.0
	≥20	20.0	17.0
钢化玻璃	5～12	84.0	58.8
	15～19	72.0	50.4
	≥20	59.0	41.3

注：1. 夹层玻璃和中空玻璃的强度设计值可按所采用的玻璃类型确定；
2. 当钢化玻璃的强度标准值达不到浮法玻璃强度标准值的 3 倍时，表中数值应根据实测结果予以调整；
3. 半钢化玻璃强度设计值可取浮法玻璃强度设计值的 2 倍；当半钢化玻璃的强度标准值达不到浮法玻璃强度标准值的 3 倍时，表中数值应根据实测结果予以调整；
4. 侧面指玻璃切割后的断面，其宽度为玻璃厚度。

（6）金属板承载力计算。

$$\sigma_{wk}=\frac{6m\omega_k l^2}{t^2}\eta \tag{5.7-19}$$

$$\sigma_{Ek}=\frac{6mq_{Ek}l^2}{t^2}\eta \tag{5.7-20}$$

$$\theta=\frac{\omega_k a^4}{Et^4}\text{或}\theta=\frac{(\omega_k+0.5q_{Ek})a^4}{Et^4} \tag{5.7-21}$$

式中：θ——参数；

σ_{wk}、σ_{Ek}——风荷载、地震作用下板面的最大应力标准值（N/mm^2）；

ω_k、q_{Ek}——垂直于板平面的风荷载、地震作用标准值（N/mm^2）；

l——金属板区格的边长（mm）；

t——金属板的厚度（mm），铝塑复合板和蜂窝铝板采用总厚度；

E——金属板的弹性模量（N/mm^2）；

m——弯矩系数，应按其边界条件按表 5.7-11 采用，沿板材四周边缘为简支边，中肋支承线为固定边；

η——折减系数，可由参数θ按表 5.7-12 采用。

四边支承玻璃板的弯矩系数 m　　　　表 5.7-11

l_x/l_y	四边简支	三边简支l_y固定	对边简支
0.50	0.1022	−0.1212	−0.0843
0.55	0.0961	−0.1187	−0.0840
0.60	0.0900	−0.1158	−0.0834
0.65	0.0839	−0.1124	−0.0826
0.70	0.0781	−0.1087	−0.0814
0.75	0.0725	−0.1048	−0.0799
0.80	0.0671	−0.1007	−0.0782
0.85	0.0621	−0.0965	−0.0763
0.90	0.0574	−0.0922	−0.0743
0.95	0.0530	−0.0880	−0.0721
1.00	0.0489	−0.0839	−0.0689

l_y/l_x	三边简支l_y固定	对边简支
0.50	−0.1215	−0.1191
0.55	−0.1193	−0.1156
0.60	−0.1166	−0.1114
0.65	−0.1133	−0.1066
0.70	−0.1096	−0.1013
0.75	−0.1056	−0.0959
0.80	−0.1014	−0.0904
0.85	−0.0970	−0.0850
0.90	−0.0926	−0.0797
0.95	−0.088	−0.0746
1.00	−0.0839	−0.0698

注：1. 系数前的负号，表示最大弯矩在固定边。
2. 计算时l值取l_x和l_y的较小值。
3. 此表适用于泊松比为 0.25～0.33。

折减系数 η 表 5.7-12

θ	5.0	10.0	20.0	40.0	60.0	80.0	100.0
η	1.00	0.95	0.90	0.81	0.74	0.69	0.64
θ	120.0	150.0	200.0	250.0	300.0	350.0	≥400.0
η	0.61	0.54	0.50	0.46	0.43	0.41	0.40

（7）石板承载力验算。

石板连接方式及计算长度如图 5.7-9 所示。

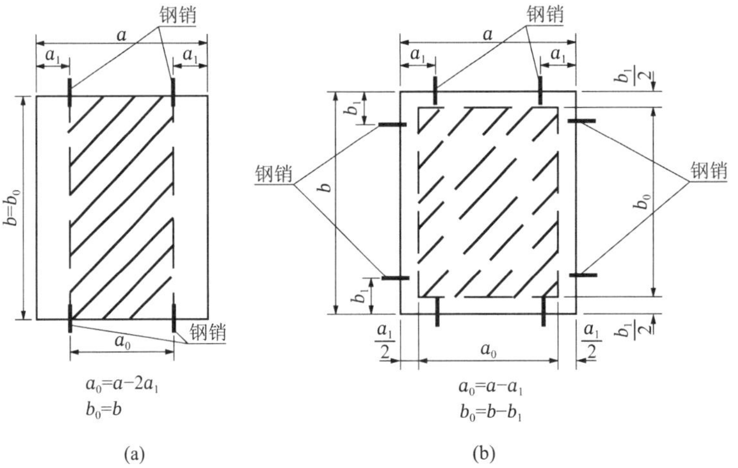

图 5.7-9 石板连接方式及计算长度

$$\sigma_{\mathrm{wk}}=\frac{6m\omega_{\mathrm{k}}b_0^2}{t^2} \tag{5.7-22}$$

$$\sigma_{\mathrm{Ek}}=\frac{6mq_{\mathrm{Ek}}b_0^2}{t^2} \tag{5.7-23}$$

式中：σ_{wk}、σ_{Ek}——风荷载、地震作用下板平面的最大应力标准值（N/mm²）；

ω_{k}、q_{Ek}——垂直于板平面的风荷载、地震作用标准值（N/mm²）；

b_0——四点支承的计算长边边长（mm）；

t——板的厚度（mm）；

m——弯矩系数，可按表 5.7-13 采用。

四边支承石板弯矩系数 表 5.7-13

计算边长比 a_0/b_0	m_{ac}	m_{bc}	m_{a0}	m_{b0}
0.50	0.0180	0.1221	0.0608	0.1303
0.55	0.0236	0.1212	0.0682	0.1320
0.60	0.0301	0.1202	0.0759	0.1338
0.65	0.0373	0.1189	0.0841	0.1360
0.70	0.0453	0.1177	0.0928	0.1383
0.75	0.0540	0.1163	0.1020	0.1408

续表

计算边长比a_0/b_0	m_{ac}	m_{bc}	m_{a0}	m_{b0}
0.80	0.0634	0.1149	0.1117	0.1435
0.85	0.0735	0.1133	0.1220	0.1463
0.90	0.0845	0.1117	0.1327	0.1494
0.95	0.0961	0.1100	0.1440	0.1526
1.00	0.1083	0.1083	0.1559	0.1559

（8）面板连接承载能力还应进行以下验算：

①螺纹/螺杆连接承载能力验算（框支承玻璃面板采用螺纹紧固件/螺栓固定、固定点间距大于标准或设计要求时）。

②自钻自攻螺钉（框支承玻璃面板用自钻自攻螺钉固定）在受拉状态，可通过是否出现松动或损坏、螺纹连接承载能力等方面评估；只受剪力时，则应进行杆部受剪承载能力验算。

③硅酮结构胶的粘结宽度验算。

④点支承装置承载能力验算，必要时应进行点支承装置承载能力的抽样检测。

⑤挂钩的受剪和受压承载能力验算（采用挂钩固定的金属面板）。

（9）石材及人造面板连接承载能力可通过石材面板挂件挂装强度试验验证，应符合下列规定：

①石材槽口的剪切应力验算（钢销式、短挂件、通长挂件连接）。

②面板连接所采用的钢销、铝合金挂件、不锈钢螺栓等应进行抗弯及抗剪强度的验算。

③背栓连接承载能力验算。

钢销抗剪强度验算：

两侧连接
$$\tau_{pk}=\frac{q_k ab}{2nA_p}\beta \tag{5.7-24}$$

四侧连接
$$\tau_{pk}=\frac{q_k(2b-a)a}{4nA_p}\beta \tag{5.7-25}$$

式中：τ_{pk}——钢销剪应力标准值（N/mm²）；

q_k——垂直于板平面的风荷载、地震作用标准值（N/mm²）；

a、b——板的计算短边或长边边长（mm）；

A_p——钢销的面积（mm²）；

n——一个连接边上钢销的数量；四侧连接时一个长边的钢销数量；

β——应力调整系数，按表 5.7-14 选取。

应力调整系数　　表 5.7-14

板钢销数量	4	8	12
β	1.25	1.30	1.32

钢销在石材中产生的剪应力验算：

两侧连接 $$\tau_k = \frac{q_k ab}{2n(t-d)}\beta \tag{5.7-26}$$

四侧连接 $$\tau_k = \frac{q_k(2b-a)a}{4n(t-d)h}\beta \tag{5.7-27}$$

式中：τ_k——钢销在石板上产生的剪应力标准值（N/mm^2）；

q_k——垂直于板平面的风荷载、地震作用标准值（N/mm^2）；

a、b——板的计算短边或长边边长（mm）；

t——石板厚度（mm）；

d——钢销的直径（mm）；

h——钢销入孔长度（mm）；

n——一个连接边上钢销的数量；四侧连接时一个长边的钢销数量。

短槽支撑石板槽口边产生的剪应力验算：

对边开槽 $$\tau_k = \frac{q_k ab}{n(t-c)s}\beta \tag{5.7-28}$$

四边开槽 $$\tau_k = \frac{q_k(2b-c)a}{2n(\mathrm{t}-c)s}\beta \tag{5.7-29}$$

式中：τ_k——槽口边产生的剪应力标准值（N/mm^2）；

q_k——垂直于板平面的风荷载、地震作用标准值（N/mm^2）；

a、b——板的计算短边或长边边长（mm）；

t——石板厚度（mm）；

c——槽口宽度（mm）；

s——单个槽底总长度（mm）；矩形槽总长度s取为槽长加上槽深的 2 倍，弧形槽取为圆弧总长度；

n——一个连接边上钢销的数量；四侧连接时一个长边的钢销数量。

通长槽支撑石板槽口边产生的剪应力验算：

$$\tau_k = \frac{q_k l}{t-c} \tag{5.7-30}$$

式中：τ_k——槽口边产生的剪应力标准值（N/mm^2）；

q_k——垂直于板平面的风荷载、地震作用标准值（N/mm^2）；

t——石板厚度（mm）；

c——槽口宽度（mm）；

l——支承边间距离（mm）。

通长槽石板抗弯最大弯曲应力验算：

$$\sigma_{wk} = 0.75\frac{\omega_k l^2}{t^2} \tag{5.7-31}$$

$$\sigma_{Ek} = 0.75\frac{q_{Ek} l^2}{t^2} \tag{5.7-32}$$

式中：σ_{wk}、σ_{Ek}——风荷载、地震作用下板平面的最大应力标准值（N/mm^2）；

ω_k、q_{Ek}——垂直于板平面的风荷载、地震作用标准值（N/mm^2）；

l——石板跨度，即支承边的距离（mm）；

t——板的厚度（mm）。

$$\tau_k = \frac{q_k l}{2t_p} \tag{5.7-33}$$

式中：τ_k——挂板的剪应力标准值（N/mm^2）；

t_p——挂钩厚度（mm）；

l——石板跨度，即支承边的距离（mm）；

q_k——垂直于板平面的风荷载、地震作用标准值（N/mm^2）。

通长支承石板槽口的抗弯验算：

$$\sigma_k = \frac{8q_k lh}{(t-c)^2} \tag{5.7-34}$$

式中：σ_k——风荷载、地震作用下板平面的最大应力标准值（N/mm^2）；

q_k——垂直于板平面的风荷载、地震作用标准值（N/mm^2）；

l——石板跨度，即支承边的距离（mm）；

t——板的厚度（mm）；

c——槽口宽度（mm）；

h——槽口受力一侧深度（mm）。

四边隐框式石材弯曲应力验算：

$$\sigma_{wk} = \frac{6m\omega_k a^2}{t^2} \tag{5.7-35}$$

$$\sigma_{Ek} = \frac{6mq_{Ek} a^2}{t^2} \tag{5.7-36}$$

式中：σ_{wk}、σ_{Ek}——风荷载、地震作用下板面的最大应力标准值（N/mm^2）；

ω_k、q_{Ek}——垂直于板平面的风荷载、地震作用标准值（N/mm^2）；

a——板短边边长（mm）；

t——石板的厚度（mm）；

m——弯矩系数，应根据其边界条件按表 5.7-15 采用。

四边支承石板的跨中弯矩系数 m　　　　表 5.7-15

a/b	0.50	0.55	0.60	0.65	0.70	0.75
m	0.0987	0.0918	0.0850	0.0784	0.0720	0.0660
a/b	0.80	0.85	0.90	0.95	1.00	—
m	0.0603	0.0550	0.0501	0.0456	0.0414	—

（10）面板及连接验算按表 5.7-16 进行评级。

构件（含连接）承载能力的验算评定等级　　表 5.7-16

构件类别	a_u级	b_u级	c_u级	d_u级
面板构件及连接	$R/(\gamma_0 S)\geqslant 1.0$	$1.0>R/(\gamma_0 S)\geqslant 0.90$	$0.85>R/(\gamma_0 S)\geqslant 0.80$	$R/(\gamma_0 S)<0.85$

注：表中R和S分别为构件的抗力和作用效应；γ_0为结构重要性系数，应按验算所依据的标准规范确定。

5.8　室外构件及连接

室外构件及连接检查下列内容：

（1）表面腐蚀（锈蚀）、外观质量：构件的变形情况、损坏程度、松动现象；室外构件表面防腐处理层的损坏及基材锈蚀情况。

（2）连接处：有无松动、变形和损坏现象，测量紧固件规格尺寸、数量。

（3）活动式外遮阳的限位装置是否有效：运行过程中遇阻力过大时应能及时停止，不至于发生损坏。

（4）对尺寸较大室外构件的连接构造进行承载能力验算。

5.9　开启窗

开启窗检查内容应符合表 5.9-1 的规定。

开启窗检查内容及检测方法　　表 5.9-1

序号	检查内容
1	采用精度为 1mm 钢直尺/钢卷尺测量开启窗的分格、开启角度、开启距离、窗框固定螺钉间距
2	观察检查窗扇组角部位是否牢固，玻璃下端是否安装托条，悬挂式开启窗挂钩处的防脱装置是否有效、牢固
3	采用目视检查和手动试验的方法检查开启窗器、五金配件是否有效、牢固。电动开窗器应检查限位装置是否有效，电动开窗器在运行过程中遇阻力过大时应能及时停止，不至于发生损坏
4	进行手动开启试验，检查开启窗启闭是否顺畅
5	用精度为 0.02mm 的游标卡尺测量壁厚。目测检查开启窗五金零件及配件的数量、材质、外观质量、表面腐蚀（锈蚀）等情况
6	目测检查或抽点切开检查硅酮结构密封胶的外观质量，进行手拉剥离试验检查粘结质量
7	目测检查锁点数量及锁点与锁座的搭接情况
8	窗锁承载力验算

5.10　防火构造、防雷构造

5.10.1　防火构造检查

检查内容：防火节点构造，防火材料种类、铺设厚度、安装情况，承托板厚度材质，以及防火层与主体结构间缝隙密封情况。

抽检数量：按防火分区总数抽查 5%，并不得少于 3 处。

检查方法：观察、触摸，并采用精度为 1mm 钢直尺和精度为 0.02mm 的游标卡尺测量。

评判标准：防火构造应在楼板、墙、柱之间按设计要求设置横向、竖向连续的防火隔断。

防火封堵系统的填充料及其保护性面层材料，应采用耐火极限符合设计要求的不燃烧材料或难燃烧材料。

当防火封堵填充料采用岩棉或矿棉时，其厚度不应小于 100mm，并应填充密实、均匀；承托板宜采用厚度为 1.5mm 的镀锌钢板，用来承托楼层间水平防烟带的岩棉或矿棉，镀锌钢板不得与铝合金型材直接接触。

同一块玻璃不宜跨越两个防火分区，当建筑要求防火分区设置通透隔断时，可采用防火玻璃。

承托板与主体结构、幕墙结构及承托板之间的缝隙宜填充防火密封材料。

5.10.2　幕墙防雷构造检查

检查内容：幕墙金属框架连接，连接材料的材质、尺寸、连接长度，幕墙与主体结构防雷装置的连接。

检查方法：观察、手动试验，并用精度为 1mm 的钢卷尺、精度为 0.02mm 的游标卡尺测量。

评判标准：幕墙金属框架应互相连接，形成导电通路。连接材料的材质、尺寸、连接长度应满足设计要求，连接接触面应紧密可靠，不松动，且应清除非导电保护层。幕墙框架与主体结构防雷装置的连接应紧密可靠，应采用焊接或机械连接，形成导电通路。连接点水平间距不应大于防雷引下线的间距，垂直间距不应大于均压环间距。

5.11　建筑幕墙安全性鉴定评级

5.11.1　一般规定

（1）按构件和构造的种类将幕墙划分为下列基本单位：

支承构件及连接；面板构件及连接，室外构件及连接；开启窗；防火构造；防雷构造；金属构件影响承载能力的腐蚀和锈蚀。

（2）根据构件及构造的不同种类，分别评定每一受检构件、构造的等级，并取其中最低一级作为该构件、构造的安全性等级对基本单位定级。

（3）构件的安全性鉴定评级应结合实际的荷载、作用和材料性能进行，并考虑结构缺陷对计算模型的影响。

（4）构件安全性鉴定采用的检测数据，其检测方法应按现行有关标准采用，而且应事先约定综合确定检测值的规则，进行多次测量；检测应按鉴定的基本单位进行，并应有取样、布点方面的详细说明、应绘制测点分布图；当认为检测数据可能有异常值时，其判断和处理应符合现行有关标准的规定，不得随意舍弃数据。

（5）在按现有计算手段尚不能准确作出评定、结构验算缺少应有的参数、需要掌握真实的承载能力极限状态等情况下应通过荷载试验评估构件的承载能力。

（6）不能直接计算的构件节点和连接，可根据现场实际情况和检查检测结果，凭借经验判断其工作性能和承载能力。

5.11.2 构件及连接的承载能力

（1）按验算结果，根据表 5.11-1 分别评定每一验算项目的等级，然后取其中最低一级作为该构件或连接承载能力的安全性等级。

构件（含连接）承载能力的验算评定等级 表 5.11-1

构件类别	a_u级	b_u级	c_u级	d_u级
支承构件及连接	$R/(\gamma_0 S) \geqslant 1.0$	$1.0 > R/(\gamma_0 S) \geqslant 0.95$	$0.95 > R/(\gamma_0 S) \geqslant 0.90$	$R/(\gamma_0 S) < 0.90$
面板构件及连接	$R/(\gamma_0 S) \geqslant 1.0$	$1.0 > R/(\gamma_0 S) \geqslant 0.90$	$0.85 > R/(\gamma_0 S) \geqslant 0.80$	$R/(\gamma_0 S) < 0.85$

注：表中R和S分别为构件的抗力和作用效应；γ_0为结构重要性系数，应按验算所依据的标准规范确定。

（2）按荷载试验结果，若检测试验合格，可根据其完好程度，定为a_u级或b_u级；若检测试验不合格，可根据其严重程度，定为c_u级或d_u级。

（3）按构件表观，若构件（含连接）产生开裂、连接部位松动并丧失承载能力时，应直接定为d_u级。

5.11.3 构造

宜根据设计文件和竣工验收资料，结合现场检查验证情况对幕墙构造的安全性鉴定综合评定，并根据表 5.11-2 的规定评定等级。

幕墙构造的安全性评定等级 表 5.11-2

构造类别	a_u级或b_u级	c_u级	d_u级
支承构件连接构造 面板支承连接构造 室外构件连接构造 开启窗构造 防火构造 防雷构造	构造、连接方式正确，功能可靠，符合现行标准、规范和设计要求，无缺陷，或仅有局部表面缺陷	构造、连接方式有缺陷，不能完全符合现行标准、规范和设计要求，局部存在构造隐患	构造、连接方式不当，有严重缺陷，不符合现行标准、规范和设计要求，工作异常，存在构造隐患或失效

注：严重缺陷，包括钢结构构件施工过程遗留的焊缝夹渣、气泡、咬边、烧穿、漏焊、未焊透、变形以及焊脚尺寸不足；锚栓、铆钉或螺栓漏锚、漏铆、漏栓、错位，锚栓松动、锚栓、铆钉、螺栓产生变形、滑移或其他损坏；开启窗连接配件松动且连接失效；结构性装配的结构胶开裂或脱落；预应力系统预应力不足、结构松弛等。

5.11.4 金属构件的腐蚀、锈蚀

金属构件的腐蚀、锈蚀安全性评定等级见表 5.11-3。

金属构件的腐蚀、锈蚀安全性评定等级 表 5.11-3

等级	a_u	b_u	c_u	d_u
评定标准	表面处理层完好 无腐蚀或锈蚀	表面处理层基本完好 有局部轻微腐蚀或锈蚀	表面处理层不完整 有局部明显腐蚀或锈蚀	表面处理层已破坏 有严重腐蚀或锈蚀

5.11.5 子单元

按每种构件（基本单元各等级占比）对子单元进行评级。

子单元（支承构件及连接）按承载能力、连接构造、金属构件腐蚀和锈蚀方面分别进行评级，各等级中基本单元占比：

A_u级（b_u级：占比 ≤ 20%；c_u级：不允许；d_u级：不允许）。

B_u级（c_u级：占比 ≤ 10%；d_u级：不允许）。

C_u级（d_u级：占比 ≤ 5%）。

D_u级（d_u级：占比 > 5%）。

面板构件及连接（承载能力、连接构造）、室外构件及连接、开启窗、防火构造、防雷构造等子单元分别评级，各等级中基本单元占比：

A_u级（b_u级：占比 ≤ 30%；c_u级：不允许；d_u级：不允许）。

B_u级（c_u级：占比 ≤ 20%；d_u级：不允许）。

C_u级（d_u级：占比 ≤ 10%）。

D_u级（d_u级：占比 > 10%）。

幕墙鉴定单元的安全性等级：应根据子单元安全性鉴定评级的评定结果，按子单元的安全性等级中较低的等级，分别确定为A_{su}级、B_{su}级、C_{su}级、D_{su}级。

5.12　建筑幕墙正常使用性能检查内容及评级

5.12.1　一般规定

（1）幕墙主要材料应检查：产品合格证书、性能检测报告、进场验收记录和复验报告；并核查文件中的材料品种与现场是否一致，核对材料性能参数与设计文件是否一致；检查现场材料的腐蚀（锈蚀）情况。

（2）幕墙构造应在进场检查前先检查：设计文件、竣工资料；隐蔽验收记录；幕墙构造与设计文件以及现行国家、行业标准的相符情况。

（3）幕墙构件变形挠度验算：根据现场核查的情况（包括材料的锈蚀、腐蚀、风化、局部缺陷和残损程度，施工偏差的影响），采用符合国家、行业现行技术规范的结构分析方法，符合其实际受力与构造状况的计算模型。其中结构布置形式和构件尺寸应用实测值。

5.12.2　支承构件

应根据幕墙结构形式，框支承幕墙（立柱、横梁、与主体结构连接件）；点支承玻璃幕墙［拉索（杆）、拉索间连接件、玻璃肋连接件、与主体结构连接件］、全玻璃幕墙（玻璃肋连接件、与主体结构连接件）等部位支承构件的缺陷及损伤。

支承构件的挠度变形应按下列方法进行验算：

（1）框支承玻璃幕墙及金属与石材幕墙立柱应按符合现场结构形式的力学模型进行验算挠度，可按静力学模型或进行有限元模拟计算；横梁的挠度d_f验算可按简支梁静力学模型计算或进行有限元模拟计算。在风荷载标准值作用下，立柱和横梁挠度验算限值为：

铝合金型材　　$$d_{f,lim} = l/180 \tag{5.12-1}$$

钢型材　　$$d_{f,lim} = l/300 \tag{5.12-2}$$

式中：l——支点间的距离（mm），悬臂构件可取挑出长度的 2 倍。

（2）点支承幕墙的索结构在验算拉索挠度时，宜按考虑$P\text{-}\Delta$和大位移作用下的几何非线性工况进行有限元模拟计算，拉索挠度尚应符合设计要求：

挠度限值：支承点距离的 1/200。

（3）玻璃肋的挠度验算：

挠度d_f计算：

$$d_f=\frac{5}{32}\times\frac{\omega_k l h^4}{E t h_r^3}\quad(单肋) \tag{5.12-3}$$

$$d_f=\frac{5}{64}\times\frac{\omega_k l h^4}{E t h_r^3}\quad(双肋) \tag{5.12-4}$$

式中：ω_k——风荷载标准值（N/mm^2）；

E——玻璃弹性模量（N/mm^2）。

挠度限值：计算跨度的 1/200。

5.12.3 面板构件

（1）面板构件的腐蚀及外观缺陷检查：

①玻璃面板表面缺陷（发霉、脱膜、变色、斑纹、膜面损伤等），中空玻璃中空层缺陷（起雾、结露），夹层玻璃表面缺陷（脱胶、起泡、中间层杂质等），镀膜玻璃膜层缺陷（氧化、脱膜）。

②金属面板检查表面腐蚀（锈蚀）情况和外观缺陷，是否出现明显变形、检查表面处理层膜厚。

③石材面板、人造外墙板是否存在风化侵蚀或其他腐蚀情况，检查表面防护处理层是否完好。

（2）面板构件的挠度变形应按下列规定进行验算：

玻璃幕墙应验算在风荷载标准值作用下挠度最大值d_f（mm），验算公式为：

$$d_f=\frac{\mu\omega_k a^4}{D}\eta \tag{5.12-5}$$

$$D=\frac{Et^3}{12(1-\nu^2)} \tag{5.12-6}$$

式中：ω_k——垂直于玻璃幕墙平面的风荷载标准值（N/mm）；

μ——挠度系数，可由玻璃板短边与长边边长之比a/b按表 5.12-1 采用；

η——折减系数，可按本规范表 5.7-8 采用；

D——玻璃的刚度（N · mm）；

t——玻璃的厚度（mm），夹层玻璃应采用等效厚度$t_e=\sqrt[3]{t_1^3+t_2^3}$，中空玻璃应采用等效厚度$t_e=0.95\sqrt[3]{t_1^3+t_2^3}$；泊松比，可按 0.20 采用。

四边支承板的挠度系数 μ　　表 5.12-1

a/b	0	0.20	0.25	0.33	0.50
μ	0.01302	0.01297	0.01282	0.01223	0.01013
a/b	0.55	0.60	0.65	0.70	0.75
μ	0.00940	0.00867	0.00796	0.00727	0.00663

续表

a/b	0.80	0.85	0.90	0.95	1.00
μ	0.00603	0.00547	0.00496	0.00449	0.00406

5.12.4　开启窗

开启窗检查内容如表 5.12-2 所示。

开启窗检查内容　　表 5.12-2

序号	检查内容
1	开启窗外形是否平正，有无下坠变形，启闭是否顺畅
2	开启窗开窗器、密封件、五金配件是否完好
3	开启窗的密封情况是否良好，使用功能是否正常
4	采用手动试验、测量窗扇启闭力和执手操作力的方法，检查开启窗启闭是否顺畅
5	采用目视检查和手动试验的方法，检查开启窗密封情况和使用功能

5.12.5　防雨水渗漏

（1）防雨水渗漏主要检查：查看幕墙防水构造节点；检查幕墙雨水渗漏痕迹，并根据现场状态及幕墙结构构造找出渗漏原因；最后可选取密封材料易老化区域或含开启窗区域进行现场淋水试验，淋水区域应包含典型的十字接缝。

（2）现场淋水试验：淋水区域应为 2400mm × 2400mm，喷淋时间应持续 15min，喷水量不应小于 4L/（$m^2 \cdot min$），喷嘴间距为 600mm。

将幕墙淋水试验装置安装在被检幕墙的外表面，喷水水嘴与幕墙的距离不应小于 530mm，并应在被检幕墙表面形成连续水幕。在室内应观察有无渗漏现象发生（图 5.12-1）。

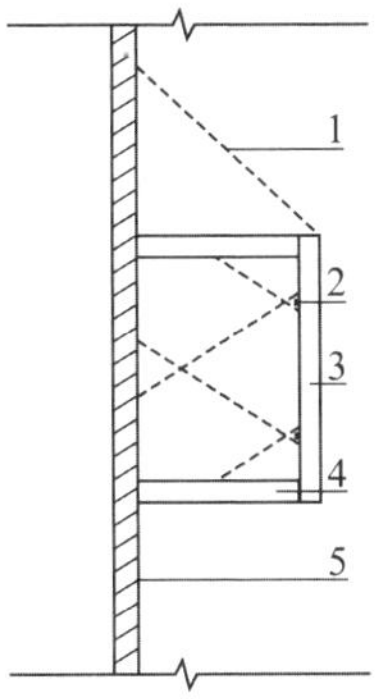

1—悬挂链；2—喷嘴；3—框架；4—撑杆；5—试件

图 5.12-1　幕墙淋水试验装置示意

5.12.6　密封材料耐久性

接缝密封胶外观质量和粘结质量：

（1）外观质量检查采用目视观察的方法，检查接缝密封胶缺陷（开裂、起泡、软化发粘、粉化、脱胶、变色、褪色和化学析出物）。

（2）应参照手拉试验（成品破坏法）方法检查密封剂与基材的粘结质量，并检查胶体有无失去弹性的硬化现象。

（3）单元式幕墙应检查单元板块间的密封材料，包括单元板块内道、外道接缝密封胶条，密封堵块。

5.13 正常使用性鉴定评级

5.13.1 一般规定

（1）分别评定每一受检构件的验算和各种检查项目的正常使用性等级，并取其中最低一级作为该构件的正常使用性等级。

（2）幕墙构件正常使用性的鉴定，应以现场的调查、检测结果为基本依据。

（3）幕墙构件的鉴定在检测结果需与计算值进行比较时、检测只能取得部分数据还需通过计算分析进行鉴定、未改变幕墙使用条件或使用要求而进行的鉴定等情况时，应按正常使用极限状态的要求进行计算分析和验算。

（4）对被鉴定的构件进行计算和验算，应遵守：根据鉴定确认的材料品种，按现行设计标准规定的数值，采用构件材料相应的弹性模量、泊松比及线膨胀系数等物理性能指标；验算结果应按现行标准规定的限值进行评级；若验算结果与观察不符，应进一步检查设计和施工方面可能存在的差错。

5.13.2 构件变形、缺陷及损伤

（1）若面板及支承结构受弯构件的正常使用性等级按其变形挠度验算结果评定，可依据表 5.13-1。

面板及支承结构受弯构件正常使用性等级评定（变形挠度）　　表 5.13-1

等级	变形挠度验算结果
a_s	验算合格，计算值不大于现行标准规定限值
b_s	验算不合格，计算值大于现行标准规定限值，但不大于该限值的 1.2 倍
c_s	验算不合格，计算值大于现行标准规定限值的 1.2 倍

（2）铝合金构件及连接件和钢构件及连接件（包括与主体结构连接件）的正常使用性按缺陷及损伤的检查结果评定，可依据表 5.13-2。

铝合金构件及连接件和钢构件及连接件正常使用性等级的评定（缺陷及损伤）表 5.13-2

等级	缺陷及损伤程度
a_s	无明显缺陷或损伤
b_s	局部有表面缺陷或损伤，尚不影响正常使用
c_s	有较大范围缺陷或损伤，且已影响正常使用

5.13.3　幕墙面板的腐蚀及外观缺陷

（1）按其腐蚀及外观缺陷，幕墙金属面板的正常使用性的检查结果可依据表 5.13-3 评级。

金属面板的正常使用性等级的评定（腐蚀及外观缺陷）　表 5.13-3

等级	腐蚀及外观缺陷程度
a_s	面板未受腐蚀，表面处理层完好，基本保持原有光泽。表面平整，无明显损伤
b_s	面板有轻微的腐蚀或锈蚀，表面处理层基本完好，外观色泽无明显变化。表面有轻微的鼓凸、凹陷或损伤
c_s	面板有明显的腐蚀或锈蚀，表面处理层有明显的脱落，或大面上可见到麻面状腐（锈）蚀，外观色泽有显著变化，边角处有比较严重腐蚀或锈蚀。表面有严重的鼓凸、凹陷或损伤

（2）按风化腐蚀及外观缺陷，幕墙石材面板和人造外墙板的正常使用性的检查结果可依据表 5.13-4 评级。

石材面板和人造外墙板的正常使用性等级的评定（风化腐蚀及外观缺陷）　表 5.13-4

等级	风化腐蚀及外观缺陷程度
a_s	面板未受风化侵蚀或其他腐蚀，表面防护处理层完好，基本保持原有光泽
b_s	面板局部有轻微的锈斑、污斑，表面防护处理层基本完好，局部有轻度失光或褪色
c_s	面板有明显的风化侵蚀或腐蚀，表面防护处理层已失效，有明显的锈斑、污斑或失光、粉化、褪色

（3）按腐蚀及外观缺陷情况，幕墙玻璃板正常使用性的检查结果可依据表 5.13-5 评级。

玻璃板的正常使用性等级的评定（腐蚀及外观缺陷）　表 5.13-5

等级	腐蚀及外观缺陷程度
a_s	玻璃表面无发霉； 镀膜玻璃无脱膜、变色、斑纹、膜面损伤； 中空玻璃密封完好，无雾气、水珠， 夹层玻璃无脱胶、气泡，无中间层杂质等不透明缺陷
b_s	玻璃表面有轻微发霉； 镀膜玻璃有轻微脱膜、变色、斑纹、膜面损伤； 中空玻璃密封基本完好，有少量雾气、水珠； 夹层玻璃边缘有轻微脱胶、气泡（气泡与边缘的距离小于 15mm），有少量中间层杂质等不透明缺陷
c_s	玻璃表面有严重发霉； 镀膜玻璃有严重脱膜、变色、斑纹、膜面损伤； 中空玻璃密封失效，有大量雾气、水珠； 夹层玻璃有严重脱胶、气泡（气泡与边缘的距离大于 15mm），有大量中间层杂质等不透明缺陷

5.13.4　子单元

（1）按每种构件（基本单元各等级占比）对子单元进行评级。

子单元（支承构件）按构件变形、缺陷及损伤分别进行评级，各等级中基本单元占比：

A_s级（b_s级：占比 ≤ 20%，c_s级：不允许）。

B_s级（c_s级：占比 ≤ 10%）。

C_s级（c_s级：占比 > 10%）。

面板构件及连接（承载能力、连接构造）、室外构件及连接、开启窗、防火构造、防雷构造等子单元分别评级，各等级中基本单元占比：

A_s级（b_s级：占比≤30%，c_s级：不允许）。

B_s级（c_s级：占比≤20%）。

C_s级（c_s级：占比＞20%）。

（2）幕墙使用功能子单元正常使用性等级的评定，应按表 5.13-3~表 5.13-5 以及按以下规定进行。

开启窗：A_s级（外形平直，无变形，安装无偏差，启闭顺畅，密封件及五金配件完好、安装到位，窗的密封良好，使用功能正常）；B_s级（窗扇有轻微下坠变形，启闭不够顺畅，密封件及五金配件有轻微缺陷，窗的密封稍差，但尚不显著影响其使用功能）；C_s级（窗扇下坠变形较大，启闭有障碍，密封件及五金配件有老化、腐蚀和缺损，窗的密封性不符合使用要求，已显著影响使用功能）。

防雨水渗漏：A_s级（构造合理，排水通畅，密封完整，无漏点，现场淋水试验无渗漏）；B_s级（构造稍有缺陷，但密封基本完好，有个别渗漏，现场淋水试验无渗漏）；C_s级（构造不当，有设计、施工方面缺陷，或密封失效，有明显雨水渗漏部位，现场淋水试验有渗漏）。

密封材料耐久：A_s级（面板接缝密封胶缝、构件镶嵌密封胶条等粘结、密封情况良好，材料耐久性可满足使用要求）；B_s级（接缝密封胶、密封胶条等略有材料变硬性能下降现象，但密封情况尚好，尚不显著影响其使用功能）；C_s级（密封胶已有脱胶、开裂或起泡现象，密封胶条已有脱落、老化、变色、变硬等，材料耐久性可满足使用要求）。

（3）幕墙鉴定单元的正常使用性等级：应根据子单元正常使用性鉴定评级的评定结果，按子单元的正常使用性等级中较低的等级，分别确定为A_{ss}级、B_{ss}级、C_{ss}级。

引用标准

[1]《建筑抗震鉴定标准》GB 50023—2009

[2]《工业建筑可靠性鉴定标准》GB 50144—2019

[3]《民用建筑可靠性鉴定标准》GB 50292—2015

[4]《危险房屋鉴定标准》JGJ 125—2016

[5]《铝合金建筑型材》GB 5237—2017

[6]《建筑用硅酮结构密封胶》GB 16776—2005

[7]《钢结构设计标准》GB 50017—2017

[8]《冷弯型钢结构技术标准》GB/T 50018—2025

[9]《铝合金结构设计规范》GB 50429—2007

[10]《硫化橡胶或热塑性橡胶 压入硬度试验方法 第1部分：邵氏硬度计法（邵尔硬度）》GB/T 531.1—2008

[11]《天然石材试验方法 第2部分：干燥、水饱和、冻融循环后弯曲强度试验》GB/T 9966.2—2020

[12]《天然石材试验方法 第7部分：石材挂件组合单元挂装强度试验》GB/T 9966.7—2020

[13]《声学 建筑和建筑构件隔声测量 第5部分：外墙构件和外墙空气声隔声的现场测量》GB/T 19889.5—2006

[14]《玻璃幕墙工程技术规范》JGJ 102—2003

[15]《金属与石材幕墙工程技术规范》JGJ 133—2001

[16]《混凝土结构后锚固技术规程》JGJ 145—2013

[17]《索结构技术规程》JGJ 257—2012

[18]《人造板材幕墙工程技术规范》JGJ 336 2016

[19]《玻璃幕墙工程质量检验标准》JGJ/T 139—2020

[20]《建筑门窗玻璃幕墙热工计算规程》JGJ/T 151—2008

[21]《公共建筑节能检测标准》JGJ/T 177—2009

[22]《建筑幕墙工程检测方法标准》JGJ/T 324—2014

[23]《建筑幕墙用瓷板》JG/T 217—2007

[24]《建筑幕墙用高压热固化木纤维板》JG/T 260—2009

[25]《建筑幕墙用陶板》JG/T 324—2011

[26]《建筑装饰用石材蜂窝复合板》JG/T 328—2011

[27]《外墙用非承重纤维增强水泥板》JG/T 396—2012

[28]《建筑装饰用微晶玻璃》JC/T 872—2019

[29]《铝合金韦氏硬度试验方法》YS/T 420—2023

[30]《建筑幕墙可靠性鉴定技术规程》DBJ/T 15—88—2011